Los números por aquí y por allá

La numeración en la Escuela Primaria

Adriana González

González, Adriana
   Los números por aquí y por allá: la numeración en la escuela
primaria. - 1a ed. 2a reimp. - Rosario: Homo Sapiens Ediciones, 2013.
   84 p. ; 20x14 cm.

   1. Matemática. Enseñanza. I. Título.
   CDD 510.7

1ª edición, octubre de 2012
1ª reimpresión, enero de 2013

© 2012 · **Homo Sapiens Ediciones**
Sarmiento 825 (S2000CMM) Rosario | Santa Fe | Argentina
Telefax: 54 341 4406892 | 4253852
E-mail: editorial@homosapiens.com.ar
Página web: www.homosapiens.com.ar

Queda hecho el depósito que establece la ley 11.723
Prohibida su reproducción total o parcial

Este libro se terminó de imprimir en enero de 2013
en **ART** de Daniel Pesce y David Beresi SH. | San Lorenzo 3255
Tel: 0341 4391478 | 2000 Rosario | Santa Fe | Argentina

A Luis y Gricel
A mis compañeros directivos, maestros y profesores
A mis alumnos de escuela primaria y del profesorado

ÍNDICE

Introducción 6

Capítulo 1
Enfoque del área de matemática 8

✓ El problema y las matemáticas 9
   - *Modelo Normativo* 10
   - *Modelo Incitativo* 11
   - *Modelo Apropiativo* 12
   - *Propuesta didáctica y modelo priorizado* 14
✓ El trabajo matemático en el aula 16
   - *Decisiones didácticas a tener en cuenta* 17
   - *Los momentos del trabajo matemático* 22
   - *El armado de secuencias didácticas* 25
   - *La evaluación de los aprendizajes* 26

Capítulo 2
Apropiación del Sistema de Numeración Decimal por parte de los niños 29

✓ ¿Qué saben los niños acerca de los números al llegar a la Escuela Primaria? 30

✓ ¿Cómo continúa la Escuela Primaria el proceso
  comenzado en el Nivel Inicial? 32

Capítulo 3
El Sistema de Numeración Decimal 35

✓ Características del Sistema de Numeración Decimal 36
✓ ¿Cómo abordar la enseñanza del Sistema
  de Numeración Decimal en la Escuela Primaria? 38
  - *En el Primer Ciclo* 39
  - *En el Segundo Ciclo* 45
✓ Cuadro síntesis 50

Capítulo 4
**Secuencias didácticas para abordar el Sistema
de Numeración Decimal** 51

✓ Primera secuencia «*Jugando con cartas*» 52
✓ Segunda secuencia «*Armando tarjetas*» 57
✓ Tercera secuencia «*A los miles y millones*» 62
✓ Cuarta secuencia «*A los números*» 66
✓ Quinta secuencia «*Los sistemas de numeración*» 73

Bibliografía 77

Introducción

En el mundo actual la construcción de aprendizajes matemáticos juega un papel importante para el desempeño de ciudadanos con saberes acordes a las exigencias de la sociedad actual. Mucha información se suministra en términos matemáticos. Asimismo, es reconocido por la mayoría de los estudiantes que «las matemáticas son difíciles».

Nosotros creemos que —si bien todo aprendizaje supone una decisión personal del que aprende— el «poder» del docente está en generar las condiciones que llevan al alumno a tomar la decisión de aprender. En palabras de Philippe Meirieu (1998), *«La construcción del espacio de seguridad como «marco posible para los aprendizajes» y el trabajo sobre los sentidos como un «poner a disposición de los que aprenden una energía capaz de movilizarlos hacia los saberes», son las dos responsabilidades esenciales del pedagogo».*

Proponemos aprender matemáticas «haciendo matemáticas». El alumno debe ser protagonista del quehacer matemático en el aula, actor de su aprendizaje, para que los conocimientos adquieran sentido para él.

En el Capítulo 1 proponemos reflexionar acerca de los modelos didácticos por los que atravesó la enseñanza de las matemáticas para detenernos en las particularidades del

Modelo Apropiativo, del enfoque de la Resolución de Problemas; ubicando al problema como posibilitador de la construcción de conocimientos significativos.

El Capítulo 2 hace referencia a las dificultades que encierra, para los niños, la apropiación del Sistema de Numeración Decimal. Tomando a esta construcción en un continuo que comienza en el Nivel Inicial y continúa en la Escuela Primaria.

En el Capítulo 3 abordamos las características de nuestro Sistema de Numeración Decimal para abocarnos luego a su enseñanza en la Escuela Primaria. Ahí planteamos los problemas que intencionalmente el docente debe plantear tanto en el Primero como en el Segundo Ciclo. Los mismos están acompañados por propuestas de actividades a plantear a los alumnos.

Por último, en el Capítulo 4, nos abocamos al armado de secuencias didácticas considerando que las propuestas deben presentarse encadenadas en secuencias de niveles crecientes de dificultad. Se presentan secuencias relacionadas con cada uno de los problemas planteados en el Capítulo 3 para niños del Primer y Segundo Ciclo.

Capítulo 1
Enfoque del área de matemática

El aprendizaje matemático es de vital importancia en el mundo actual, pero hay muchas maneras de construir un concepto matemático, éstas dependen de todo lo que una persona haya tenido la oportunidad de realizar en relación con ese concepto.

Lo invitamos a compartir un extracto del texto de Carmen Gómez Granell (1994):

> «*nadie pone en duda que saber matemáticas es una necesidad imperiosa en una sociedad cada vez más compleja y tecnificada, en la que se hace difícil encontrar parcelas en las que las matemáticas no hayan penetrado.*
>
> *En función de este hecho, sería lógico esperar un incremento generalizado de la cultura matemática entre la población. Sin embargo, no parece que ello sea así. Algunos estudios recientes (...) muestran que en muchos países un 40% y un 50% de alumnos no alcanzan el mínimo de conocimientos matemáticos que deben estar adquiridos al finalizar la escolaridad obligatoria.*
>
> *En general, podríamos decir que la mayoría de las personas no alcanza el nivel de* **alfabetización funcional** *mínimo para desenvolverse en una sociedad moderna;*

*encuentran las matemáticas **difíciles y aburridas** y se sienten inseguras respecto a su capacidad para resolver incluso sencillos problemas o simples cálculos...*
La paradoja parece pues estar servida: las matemáticas, uno de los conocimientos más valorados y necesarios en las sociedades modernas altamente tecnificadas es, a la vez, uno de los más inaccesibles para la mayoría de la población...».

Durante muchos años la matemática que aprendimos en la escuela se relacionaba con la realización de ejercicios, de problemas todos iguales; al descubrir la operación que resolvía el primero ya sabíamos qué debíamos hacer en los demás sin necesidad de leer y releer el enunciado.

Por lo general ese ejercicio no guardaba relación con la resolución de problemas de la vida cotidiana, si bien en los enunciados hacían referencia a ella.

A la mayoría de los estudiantes las matemáticas les resultaban «*difíciles y aburridas*»; como dice el texto, no alcanzaban el nivel de «*alfabetización funcional*».

Hoy hay acuerdo en relación a que el proceso de reconstrucción de un concepto matemático comienza a partir de un conjunto de actividades intelectuales que se ponen en juego frente a un problema para cuya resolución resultan insuficientes los conocimientos de los que se dispone hasta el momento.

De ahí que nuestros alumnos se apropiarán de los conceptos matemáticos a partir de los problemas que planteamos. La selección que realizamos determinará el nivel de apropiación matemático que puedan alcanzar.

El problema y las matemáticas

El *aprendizaje matemático*, desde siempre, aparece *relacionado a la capacidad de resolver problemas*, dado que los conceptos matemáticos han surgido como respuesta a problemas tanto de la *vida cotidiana* (p.e.: demarcación de terrenos), como ligados a *otras ciencias* (física, astronomía) o *problemas internos de la ciencia matemática* (ampliación de campos numéricos).

Problemas éstos que en algunos casos fueron resueltos parcialmente a la luz de los conocimientos preexistentes, provocando a veces la construcción de nuevos recursos matemáticos para resolver totalmente dichos problemas.

La relación *problema-matemáticas* no se mantuvo invariable a lo largo de los años sino que atravesó por diferentes momentos, pasó por diferentes modelos didácticos. En ellos siempre coexisten tres elementos que se relacionan en forma variable: *docente, alumno y saber*.

Al describir los modelos de aprendizaje tendremos en cuenta la idea de «*contrato didáctico*». Según Brousseau es el conjunto de comportamientos esperados, tanto del maestro como del alumno, que regulan el funcionamiento de la clase y las relaciones maestro-alumno-saber; definiendo así los roles de cada uno y la distribución de tareas.

Debemos tener presente que el contrato didáctico varía según el modelo y que la variación de modelos introducen cambios en el contrato didáctico. Por lo tanto ambos se influyen mutuamente.

Modelo Normativo

Este modelo también llamado «*reproductivo o pasivo*» está *centrado en el contenido*, en la organización lógica de la disciplina.

El enfoque de la *enseñanza* consistía en transmitir un saber a los alumnos.

El *maestro* comunicaba el saber.

El *alumno* era receptivo, resolvía ejercicios por reiteración mecánica siguiendo el modelo presentado por el maestro.

El *saber* estaba acabado, estaba construido.

Así la *enseñanza tradicional* centrada en las estructuras matemáticas provocó, en cierta medida, la desaparición de los problemas concretos de la enseñanza y de esta forma su rol se redujo a ilustrar las nociones abordadas; el trabajo del alumno se centraba sólo en la búsqueda del buen esquema.

En este modelo el problema se ubica al final de la secuencia de aprendizaje, cumple para el alumno la función de ejercitación de lo aprendido y para el docente la de control del aprendizaje. Aparecen los «*problemas tipo*».

Los problemas aparecen relacionados a un determinado contenido; los alumnos tratan de vincular los datos numéricos con alguna operación a partir de indicadores del texto.

Por ejemplo:

«El domingo, en el asado, se sirvieron 122 empanadas de carne y 130 empanadas de jamón y queso. ¿Cuántas empanadas se sirvieron en total?»

Ante este tipo de enunciados era común escuchar los siguientes comentarios de los alumnos:

✓ *«De dividir no puede ser porque no sabemos dividir por tres cifras, entonces puede ser de...».*
✓ *«Para que sea de dividir tiene que decir repartir...».*
✓ *«Mirá, dice en total, entonces es de suma...».*

Así los niños vinculaban la expresión «en total» con la operación de suma.

Modelo Incitativo

Este modelo está *centrado en el alumno*. El *aprendizaje* se relaciona con las *necesidades e intereses de los alumnos*, que son el *punto de partida de la propuesta educativa*.

El *saber* está ligado a las necesidades de la vida, del entorno. La estructura propia de la disciplina pasa a un segundo plano.

El *docente* guía, orienta, escucha al alumno, responde a sus demandas, busca su motivación.

Dentro de este modelo aparecen los llamados *métodos activos* y con la aparición de la corriente identificada como *Escuela Nueva* aparece el *problema como motivación*. Su objetivo es introducir las matemáticas a partir de situaciones cotidianas, de experiencias vividas o al menos que «hablen» de la vida diaria. El problema abandona las últimas páginas para ubicarse en las primeras. Las matemáticas dejan de ser *frías y distantes* y se convierten en *cercanas y prácticas*.

La organización de los contenidos curriculares se hacía por medio de:
- ✓ *Unidad didáctica.*
- ✓ *Centros de interés.*
- ✓ *Proyectos de trabajo.*

Aquí debemos situar la reforma de la matemática moderna.

A partir del fracaso de la matemática moderna aparece la necesidad de repensar el aprendizaje de las matemáticas y en particular el rol que en ese aprendizaje juega el problema. A su vez los diagnósticos y evaluaciones nos informan que si bien los alumnos poseen conocimientos matemáticos, estos no se encuentran disponibles, ni pueden ser utilizados en las situaciones que así lo requieran. Por lo tanto no se ha logrado que los aprendizajes tengan sentido para los alumnos, que los conocimientos se construyan con significado.

Modelo Apropiativo

Este modelo está *centrado en la construcción del saber por el alumno*.

El *docente* propone y organiza situaciones con distinto nivel de dificultad.

El *alumno* ensaya, busca, propone soluciones, las confronta con las de sus compañeros, las define, las discute.

El *saber* es considerado en su propia lógica.

Se pone el énfasis en los procesos internos que actúan como intermediarios en la construcción.

Existe equilibrio entre *docente-alumno-saber*. Interactúan dinámicamente en la situación didáctica.

El *problema* se constituye en el *centro de los procesos de aprendizaje y de enseñanza*.

Abarca al proceso en su totalidad; a partir de él podemos:

✓ **Diagnosticar**: se plantean problemas para conocer el estado inicial de los conocimientos de los alumnos.

✓ **Enseñar**: partiendo de los saberes previos, el docente plantea problemas que permiten reorganizar, resignificar, aplicar, ampliar, sistematizar los conocimientos existentes en nuevas construcciones.

✓ **Evaluar**: a partir de problemas similares a los trabajados el docente evalúa el nivel de logros alcanzados.

En síntesis

Podemos graficar en el siguiente cuadro las ideas vertidas:

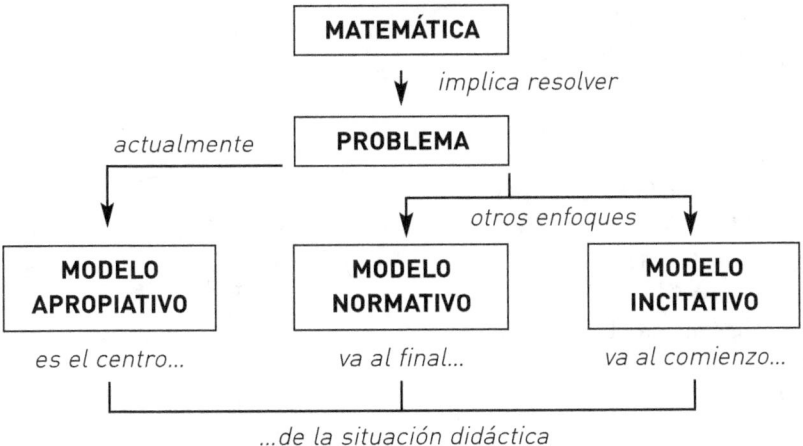

Propuesta didáctica y modelo priorizado

Los modelos didácticos descriptos no se presentan en forma pura en la práctica docente diaria; el docente privilegia uno de ellos. Si bien son variadas las formas en que un modelo didáctico se hace presente, tales como: intervenciones del docente, rol del alumno, forma en que se presentan los contenidos... nosotros analizaremos la relación entre la propuesta y el modelo didáctico subyacente.

Analicemos, por ejemplo, las siguientes situaciones:

A) *En la verdulería*
En una verdulería hay 4 cajones de melones.
El 1° tiene 20 melones, el 2° 12 melones, el 3° 5 melones menos que el 1° y el 4° 6 melones más que el 2°.
¿Cuántos melones hay en la verdulería?

B) *Las facturas*
Colocar los números que faltan en las siguientes facturas:

Factura A
7 broches a $7,75 c/u	$....................
1 ½ docena de botones, a $39 la docena	$....................
22 pares de cordones, a $5,80 el par	$....................
TOTAL	$....................

Factura B
45,5 m. de piolín N° 2, a $0,32 el m.	$....................
4,5 m. de piolín N° 4, a $0,85 el m.	$....................
12 arandelas a $1,85 c/u.	$....................
4 tornillos a $1,25 c/u.	$....................
7 broches marca «L» a $2,15 c/u.	$....................
SUMA	$....................
DESCUENTO 5%	$....................
TOTAL	$....................

En este apartado realizaremos una serie de consideraciones que, usted, docente, deberá tener presente a la hora de implementar propuestas didácticas que se encuadran dentro del Enfoque de la Resolución de Problemas.

Decisiones didácticas a tener en cuenta

El saber matemático es un bien social, patrimonio de la humanidad que merece ser transmitido, conservado y ampliado; por lo tanto, desde los primeros contactos, el estudiar matemática debe ser una forma de acercarse al quehacer propio de la disciplina.

El docente, a lo largo de la Educación Primaria, debe propiciar formas de enseñar que hagan que los conocimientos matemáticos se carguen de sentido, acercando a los alumnos a una porción de la cultura matemática, de la que forman parte no sólo las relaciones establecidas, tales como propiedades, definiciones... sino también las características del trabajo matemático. Las prácticas deben estar ligadas al sentido que los contenidos adquieren al ser aprendidos.

El desafío principal es llevar adelante una enseñanza que permita aprender matemática haciendo matemática; es decir, lograr que todos los alumnos sean protagonistas del quehacer matemático en el aula, que sean actores de su saber, posibilitando que los conocimientos adquieran sentido para ellos.

Propiciar un trabajo basado en los modos de hacer y pensar propios de la matemática permite concebirla como un producto social, histórico y en permanente transformación.

Un trabajo matemático de este tipo se enmarca dentro del Modelo Apropiativo del Enfoque de la Resolución de Problemas e implica, entre otras cuestiones, tener en cuenta:
✓ Planteo de problemas.
✓ Proponer un trabajo exploratorio.
✓ Propiciar la producción y generalización de conjeturas.
✓ Aceptar el error.

✓ Favorecer la reorganización y establecimiento de relaciones entre conceptos.
✓ Pensar en la organización grupal.
✓ Enseñar a estudiar.

Planteo de problemas

La resolución de problemas de diferentes tipos, por parte de los alumnos, es central para que puedan involucrarse en la producción de conocimientos matemáticos.

Dentro de este enfoque el *problema* implica un obstáculo cognitivo que permite, a los alumnos, introducirse en el desafío de resolver algo a partir de los conocimientos de los cuales disponen y a su vez les demanda la producción de ciertas relaciones para llegar a una solución posible, que puede ser incompleta o incorrecta. De esta forma los problemas favorecen los procesos constructivos.

La escuela, a partir de los conocimientos intuitivos y extraescolares, debe permitir a los alumnos establecer interacciones que los lleven a reelaborar sus saberes hacia nuevos conocimientos.

Para que los problemas se constituyan en un motor de producción de conocimientos será necesario que los alumnos puedan reorganizar sus estrategias de resolución, pensar nuevas estrategias, intentar aproximaciones, abandonar resoluciones erróneas... Esto se logra a partir de un trabajo continuo que puede realizarse en varias jornadas de clases.

Las situaciones «*En la verdulería*» y «*Los billetes*» presentadas en páginas anteriores constituyen problemas desafiantes para los alumnos dado que a partir de una lectura comprensiva de los enunciados deberán buscar dentro de sus conocimientos cuáles les son útiles para resolverlas.

Proponer un trabajo exploratorio

Para que el aula sea un espacio de construcción colectiva de conocimientos matemáticos es necesario que los alumnos exploren, prueben, ensayen, abandonen lo hecho, comiencen nuevamente la búsqueda. De ahí que el docente no sólo debe plantear problemas sino, además, ofrecer un tiempo y un espacio que permita, a los alumnos: equivocarse, encontrar aproximaciones correctas o incorrectas, buscar ejemplos.

Las estrategias iniciales de los alumnos, por lo general, no serán ni «expertas» ni «económicas» pero sí serán el punto de partida para la producción de nuevos conocimientos.

Dentro de la construcción del Sistema de Numeración Decimal es común que los alumnos de 1° año, al tener que escribir 102, lo hagan como: 100 y 2 y al preguntarles *«¿por qué?»* den respuestas del tipo: *«digo ciento dos por eso escribo cien y dos»*, *«lo escribo como se dice»*, *«es el 100 con el 2»*... Un trabajo exploratorio les permitirá ir modificando sus hipótesis, que son incompletas y ponen de manifiesto sus conocimientos orales; escriben lo que dicen.

Propiciar la producción y generalización de conjeturas

Las *conjeturas* —también denominadas hipótesis— son las ideas que los alumnos elaboran cuando resuelven y analizan problemas de diferente índole. Son las respuestas que encuentran, las relaciones que establecen aun cuando no sea claro, ni siquiera para ellos, si son o no ciertas.

Ejemplo de conjeturas son: *«si un número es más largo es más grande»*, *«si se multiplican dos números el resultado es más grande»*, *«multiplicar por 8 da el doble que multiplicar por 4»*, *«creo que 9 + 8 da 17»*.

Ahora bien, el trabajo matemático no sólo implica producir conjeturas sino además *«hacerse cargo»*; es decir, dar cuenta de la verdad o falsedad de las conjeturas o hipótesis formuladas, de los resultados hallados y de las relaciones que se establecen. Continuando con algunos de los ejemplos anteriores, podemos decir que para la conjetura:

✓ «*Multiplicar por 8 da el doble que multiplicar por 4*», será necesario identificar que 2 x 4 = 8, que 2 x 8 = 16 y así sucesivamente, recurriendo a la propiedad asociativa.
✓ «*Creo que 9 + 8 da 17*», será suficiente considerar que 8 + 8 da 16, que 9 es uno más que 8, entonces se agrega 1 al resultado.

También deberán, los alumnos, analizar «*bajo qué condiciones*» una conjetura es válida. Si la validez de una conjetura es para todos los casos, se establecen *generalizaciones;* caso contrario se indicarán límites. Por ejemplo, la conjetura «*si un número es más largo es más grande*» es válida para los números naturales pero deja de serlo para las expresiones decimales.

Aceptar el error

En este tipo de trabajo matemático el *error* ocupa un lugar importante, es considerado parte del proceso constructivo, es marca visible del estado del conocimiento en un momento dado. A veces los errores de los alumnos tienen explicaciones basadas en su propia lógica, es tarea del docente comprenderlos y colaborar para su superación. Ejemplo de esto es lo planteado con «102» y «100 y 2».

Favorecer la reorganización y establecimiento de relaciones entre conceptos.

El docente deberá proponer, a su grupo, instancias que les permitan establecer relaciones entre los conocimientos nuevos y los que han adquirido anteriormente. Por ejemplo, es importante que los alumnos comprendan que el Sistema de Numeración Decimal se relaciona con SIMELA y a su vez las relaciones construidas dentro de los números naturales se modifican al expresarlos en fracciones y expresiones decimales.

A su vez se debe favorecer la reflexión en torno de un conjunto de problemas, para clasificarlos. Por ejemplo, establecer relaciones entre los problemas de organizaciones rectangulares y series proporcionales implica mirar la multiplicación y el modelo proporcional como objetos en sí mismos.

Pensar en la organización grupal

El docente, a la hora de seleccionar el problema a trabajar, también debe pensar en el tipo de organización grupal con la cual lo propondrá teniendo en cuenta el nivel de conocimientos que el problema involucra y las interacciones que se pretenden promover.

A veces es necesario comenzar con un trabajo individual para que cada niño enfrente el problema desde los conocimientos de los cuales dispone. Este acercamiento, por lo general, será el punto de partida para un posterior análisis colectivo.

En otras oportunidades es conveniente comenzar con un trabajo en pequeños grupos o parejas para que los alumnos puedan interactuar entre ellos enriqueciendo la producción. Por ejemplo: «enviar un mensaje con la descripción de una figura para que otro la reproduzca», «plantear un nuevo problema para que otro grupo lo resuelva», «escribir un cálculo para que otros lo interpreten».

Enseñar a estudiar

Si bien el abordaje de nuevos problemas se realiza dentro del ámbito escolar a través de un trabajo exploratorio —momentos de comunicación y análisis de respuestas y estrategias, espacios de argumentación y búsqueda de la verdad, análisis colectivo de errores y aciertos, instancias de sistematización...— es necesario incluir, también, momentos de *estudio* en los cuales se desarrollará una actividad personal que permita reflexionar sobre el trabajo realizado.

Para que los alumnos se involucren y tomen conciencia de los nuevos conocimientos que gradualmente incorporan a sus

saberes se les deberá proponer actividades en clase y fuera de ella que los orienten en la tarea de *«estudiar»* tales como:
- ✓ Releer las conclusiones elaboradas en forma colectiva.
- ✓ Rehacer los problemas más complejos.
- ✓ Realizar «simulacros» de evaluación con problemas similares a los que tendrá la prueba escrita.
- ✓ Revisar problemas solucionados para reflexionar sobre las estrategias utilizadas.
- ✓ Elaborar fichas que permitan: ordenar temas, recabar información que se necesita retener...
- ✓ Organizar tutorías entre alumnos para que unos ayuden a los otros.
- ✓ ...

Los momentos del trabajo matemático

Al implementar las situaciones de enseñanza, el docente anticipa una organización que incluye distintos momentos. Estos son:

✓ *Presentación de la situación.*
Es el momento en el cual el docente plantea el problema, indica la organización grupal y se asegura de que la tarea haya sido comprendida por todos. El docente tiene un rol protagónico. Generalmente se realiza en grupo total. Coincide con el *inicio* de la actividad.

✓ *Momento de resolución.*
Puede ser individual, en pequeños grupos o parejas, de acuerdo al tipo de situación que se plantee.
El protagonismo pasa del docente a los alumnos pues ellos intercambian opiniones, discuten, confrontan formas de resolución, con el fin de dar respuesta al problema planteado. El docente cumple un rol de guía, de orientador de la tarea. Este momento coincide con el *desarrollo* de la actividad.

✓ ***Presentación de los resultados o puesta en común*.**
Es un espacio de trabajo colectivo que permite la socialización, comunicación, explicitación de las estrategias producidas para que todos puedan conocerlas y, de ser posible, reutilizarlas.
Los alumnos deben fundamentar sus respuestas y aceptar los posibles errores. Se desarrolla una argumentación sobre el problema y las estrategias de resolución se analizan en función del problema a resolver.
Este momento permite, a los alumnos, tomar distancia y reflexionar sobre lo realizado, y al docente, conocer el nivel de construcción alcanzado por ellos.
Tanto el docente como el alumno protagonizan este momento ya que intercambian opiniones, descubrimientos, procedimientos... en torno al saber a construir.
✓ ***Síntesis de lo realizado***
Es un momento destinado a elaborar generalidades, «*establecer límites*» a las resoluciones presentadas, buscar nuevas relaciones, identificar los conocimientos matemáticos que se pusieron en juego en la resolución y análisis y también analizar errores con el objetivo de elaborar explicaciones que permitan revertirlos.
Permite recapitular y comparar los conocimientos anteriores con los nuevos, tomar conciencia de las progresivas reorganizaciones del conocimiento. Es un trabajo reflexivo sobre el propio proceso de estudio.
El docente adopta un rol protagónico como coordinador del debate dado que su saber asimétrico hace que tenga clara la finalidad que persigue.
Los dos últimos momentos mencionados, se llevan adelante dentro del *cierre* de la actividad.

Estos momentos no necesariamente se deben cumplimentar en un mismo día de trabajo, puede haber inicios y desarrollos sucesivos que se engloban en un cierre posterior, que retoma lo realizado en los diferentes días. A veces, el cierre se puede transformar en el inicio de la actividad siguiente, dando a conocer el estado de construcción alcanzado. En este caso, son los niños quienes asumen un rol activo y el docente coordina.

A modo de ejemplo les proponemos:

Lucía, docente de 5° grado, le indica a su grupo de alumnos que armen parejas, se planteen uno a otro el acertijo y luego reflexionen acerca del número obtenido.

«*Piensen un número menor que 10 y distinto de cero.*
✓ *Súmenle 29.*
✓ *Tomen la cifra de las decenas.*
✓ *Multiplíquenla por 10.*
✓ *Súmenle 4.*
✓ *Multipliquen por 3 el resultado.*
✓ *Réstenle 2*».

El planteo de la propuesta coincide con el inicio, con el momento de presentación de la situación.

Los niños, en parejas, resuelven el acertijo y reflexionan en torno al resultado obtenido (Momento de resolución).

Una vez que todas las parejas concluyen con la tarea propuesta el docente les propone que presenten sus reflexiones. Comienza diciendo: «*Sé que todos obtuvieron 100 como resultado*»; los niños al unísono responden: «*Sí*». Entonces el docente pregunta: «*¿Por qué pasa eso?*».

Las diferentes parejas dan explicaciones sobre lo analizado (Momento de presentación de resultados o puesta en común).

Luego Lucía, a partir de las resoluciones presentadas, acompaña a los alumnos en la búsqueda de generalizaciones para concluir que siempre da 100 porque el número que se forma inicialmente siempre tiene 3 como decena, motivo por el cual se plantea como restricción «*ser menor que 10 y distinto de cero*» (Momento de síntesis de lo realizado).

Supongamos que la semana siguiente Lucía plantea: «*¿Se acuerdan del acertijo que daba 100?*»; los niños responden «*Sí*»; luego Lucía pregunta «*¿Por qué daba 100?*».

Los niños responden recordando las conclusiones a las que llegaron. Lucía les propone: «*Ahora ustedes, en pareja, deben armar un acertijo que de 100 y pasárselo a la pareja de la derecha para que lo resuelva*».

De esta forma el cierre de la actividad anterior se transformó en el inicio de la nueva propuesta.

El armado de secuencias didácticas

El proceso de construcción de un concepto matemático comienza con un conjunto de actividades relacionadas con el planteo de un problema para cuya resolución deben utilizarse los conocimientos de los que se dispone hasta el momento.

Pero, el conocimiento no emerge mágicamente como producto de la resolución de un problema, no existe una relación mecánica entre resolución de problemas y elaboración de conceptos.

Los aprendizajes matemáticos no se construyen de una sola vez, requieren de sucesivas aproximaciones y resignificaciones. Es necesario presentar un contenido en diferentes contextos así como la reiteración de actividades para *progresar, evolucionar* en la apropiación de los conocimientos.

Los alumnos, al evolucionar, logran dominar mejor lo que ya saben o enriquecerlo con nuevos sentidos o modificarlo para reorganizarlo en un nuevo campo de saberes como producto de la incorporación de nuevos conceptos.

Una propuesta didáctica de calidad hace que los problemas, las situaciones de aprendizaje se encadenen formando *secuencias didácticas* que tienden a complejizar, resignificar, transformar un concepto.

El armado de secuencias didácticas cobra relevancia a la hora de pensar *qué* y *cómo* enseñar.

Una secuencia didáctica es un conjunto de actividades que guardan coherencia entre sí; son actividades diferentes pensadas para favorecer la construcción de determinados conocimientos.

Cada actividad se engarza con la otra y en su conjunto presentan diferentes modos de aproximación al contenido.

El trabajo matemático a partir de secuencias genera aprendizajes relacionados y no entrecortados de modo tal que imprimen sentido y riqueza a las acciones.

Al armar secuencias didácticas, el docente debe pensar variables didácticas. Según el ERMEL (1990) «*Variable didáctica es una variable de la situación sobre la cual el docente puede actuar y que modifica las relaciones de los alumnos con las nociones en juego, provocando la utilización de distintas estrategias de resolución*».

Por ejemplo: para que los alumnos comprendan en toda su amplitud el concepto de división será necesario presentar situaciones que se relacionen con los significados de *partir* y de *repartir*, con la importancia del *resto* y la *relación entre dividendo, divisor, cociente y resto*.

La evaluación de aprendizajes

La evaluación suministra información para la toma de decisiones de forma racional y fundamentada con el objetivo de dar, gradualmente, direccionalidad al proceso de enseñar. Hay distintos tipos de evaluación:

Evaluación inicial o de diagnóstico

Este tipo de evaluación permite relevar información acerca del punto de partida de los conocimientos de los alumnos en torno a un determinado contenido. Da luz a la hora de planificar la enseñanza porque permite conocer los conocimientos disponibles de la clase. Por ejemplo: al comenzar 1° año el docente propone actividades que les permitan relevar los conocimientos numéricos de los niños y de esta forma organiza los primeros meses de su tarea escolar.

No se trata de evaluar a cada alumno sino de identificar los conocimientos que están disponibles en la mayor parte de ellos. Son el punto de partida.

Evaluación de proceso

Existe una *evaluación de proceso* que el docente realiza durante el momento de enseñanza. Puede ser individual o colectiva, oral o escrita. Esta evaluación le suministra información acerca de qué aspectos son necesarios enfatizar, qué relaciones nuevas están disponibles, cuáles conocimientos dominan los alumnos y sirven como punto de partida de otros, así como cuáles requieren ser enseñados nuevamente.

Evaluación de producto

Esta evaluación, por lo general, es individual, suministra al docente información sobre la marcha de los aprendizajes de cada alumno y los logros alcanzados hasta el momento. En ella se evalúan los progresos de los alumnos en relación tanto con los conocimientos iniciales como con lo que se ha enseñado en el aula. Se trata de recabar información sobre cuáles de los alumnos no tienen disponibles los nuevos conocimientos sobre los que se ha trabajado en clase.

En las instancias de evaluación es pertinente plantear problemas conocidos, similares a los ya estudiados, no «nuevos», porque se trata de evaluar si aquello que tenía estatus de «novedoso» se ha vuelto conocido como producto del trabajo sistemático realizado en el aula.

Cabe tener presente que no todo lo que se enseña debe ser evaluado, es suficiente un recorte de lo enseñado, aquello que se considere de vital importancia para la continuidad del proceso de aprendizaje.

En síntesis

A la hora de enseñar matemática desde el Enfoque de la Resolución de Problemas debemos tener presente que:

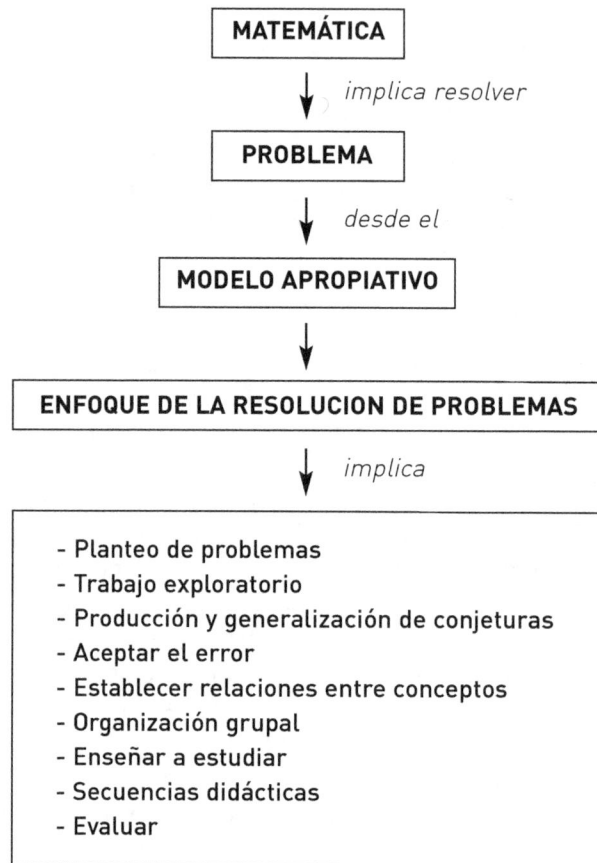

Capítulo 2
Apropiación del Sistema de Numeración Decimal por parte de los niños

La complejidad que encierra para el niño la apropiación del Sistema de Numeración Decimal en muchos casos no es comprendida en toda su amplitud por el adulto, dado que a éste le parece sencillo y obvio el uso de los nueve primeros números.

Sin embargo, el niño necesita mucho tiempo, años, para poder aprender a manejar coherentemente los nueve primeros números y saber cómo aplicarlos en la variedad de situaciones cotidianas que los involucran.

Veamos, por ejemplo: uno de los primeros usos que se hace de los números es para especificar el *tamaño de una colección* (aspecto cardinal del número). Por lo general, un niño desde temprana edad puede distinguir entre dos o tres autitos de juguete valiéndose de la observación visual, al igual que diferencia un perro de un gato, un automóvil de un colectivo, un coche rojo de otro verde. Pero la percepción visual no le permitirá distinguir entre una colección de ocho y nueve coches, para ello será necesario que sea capaz de contar[1]. Para poder contar el niño deberá tener presente la serie ordenada

---

1. Contar: asignar a cada objeto una palabra-número siguiendo la serie numérica; realizar una correspondencia término a término entre cada objeto y cada palabra-número.

de números (aspecto ordinal) y por último deberá comprender que el último número nombrado representa el tamaño de la colección (cardinalización)[2].

Lo descripto muestra la complejidad que encierra, para el niño, la apropiación del Sistema de Numeración Decimal; tarea no sencilla que le lleva tiempo y esfuerzo.

Es un proceso en el cual el niño avanza y retrocede, utiliza formas personales de nombrar y escribir los números hasta alcanzar la comprensión de éstos.

¿Qué saben los niños acerca de los números al llegar a la Escuela Primaria?

Los niños, desde muy pequeños, sienten fascinación por los números; los nombran, reconocen su escritura, tratan de decirlos en forma ordenada.

Los primeros contactos con los números los realizan a *nivel oral* y en forma *global*. Escuchan y repiten el nombre de los números, primero en *forma aislada*.

Por ejemplo: realizan usos orales al reconocer números tales como los del colectivo que los lleva a la casa de la abuela, del piso en el que viven, del canal de televisión predilecto...

Posteriormente, en contacto con el medio, con sus pares, con los adultos, comienzan a escuchar partes de la serie numérica en *forma ordenada* y a repetirla; de tal modo que caminan diciendo los números a modo de cantito.

También comienzan a *reconocer la escritura* de algunos números. Se conectan con diferentes portadores numéricos como: el teléfono, el control del televisor, el ascensor... que les permiten ver la secuencia convencional de números.

---

2. Cardinalizar: implica aunar el aspecto cardinal y ordinal del número, el último número nombrado indica el tamaño de la colección.

Simultáneamente comienzan a escribir números, a veces lo hacen en forma correcta, otras presentan dificultades con la lateralidad y escriben al número 3 como:

$$\mathcal{E}$$

También puede suceder que cambien el orden al escribir números de dos cifras, por ejemplo, 12 lo escriben como:

$$2\,1$$

Ellos saben que está formado por los números 1 y 2 pero tienen dificultades con el valor posicional, consideran a los números en forma aislada y no como una totalidad.

Además de nombrar, reconocer y escribir números también resuelven problemas que implican:

✓ **Determinar la cantidad de una colección.**

Por ejemplo, ante un conjunto de lápices los niños son capaces —por *percepción global*[3] o *conteo*— de establecer el cardinal de la colección.

✓ **Comparar colecciones.**

Una vez que determinan el cardinal de las colecciones son capaces de comparar ambas cantidades ya sea usando la banda numérica o la correspondencia entre cardinales. Siguiendo con nuestro ejemplo, son capaces de determinar que si en la mesa de Lucas hay 3 lápices y en la de Marta 4, «*en la mesa de Marta hay más lápices que en la de Lucas porque 4 es más que 3*».

✓ **Calcular.**

Ante situaciones que se relacionen con las acciones de juntar, reunir, agrupar, sacar, quitar... son capaces de establecer el cardinal. Si se les presenta un lapicero con 4

---

3. Percepción global: es determinar el cardinal de una colección sin recurrir al conteo. Se utiliza con colecciones de hasta 6 elementos y con distribuciones espaciales convencionales.

lápices y luego se agregan 2 lápices, son capaces de decir: *«Ahora hay 6 lápices»;* llegan a esta afirmación mediante los procedimientos de: *conteo, sobreconteo*[4] *y resultado memorizado*[5].

✓ **Determinar el orden de elementos de una colección.**
Los niños, mediante la *percepción global* o el *conteo*, pueden determinar el lugar que ocupa un objeto. Ante una pila de cuadernos son capaces de establecer que *«el cuarto cuaderno es rojo».*

En síntesis

Las ideas vertidas se pueden graficar de esta forma:

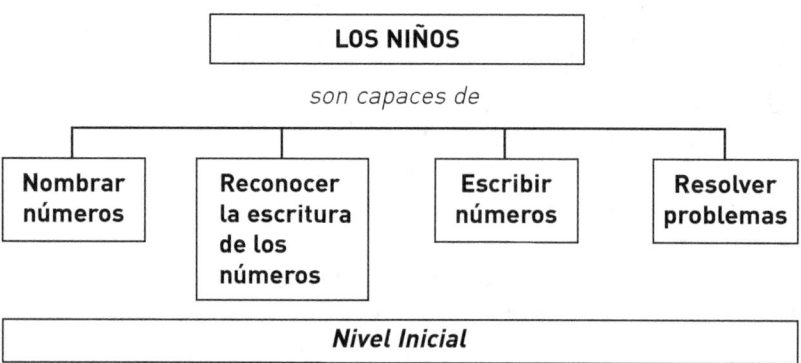

¿Cómo continúa la Escuela Primaria el proceso comenzado en el Nivel Inicial?

La Escuela Primaria debe recuperar los conocimientos de los alumnos y evitar las rupturas creando puentes entre lo que saben y lo que deben aprender.

---

4. Sobreconteo: es contar a partir de...; es decir, partir del cardinal de un conjunto y luego contar los elementos del otro conjunto.
5. Resultado memorizado: establecer el total de dos conjuntos mentalmente.

Durante el *Primer Ciclo* los alumnos deben sentirse animados a tomar decisiones, a ensayar, a revisar sus producciones; aprenderán que, en relación con los problemas:
- ✓ Sus respuestas no son producto del azar.
- ✓ Se pueden resolver de diferentes maneras.
- ✓ Algunos pueden tener más de una solución.
- ✓ Es necesario saber buscar con qué recursos se cuenta para resolverlos.

Además, resolverán cálculos y darán razones que les permitan identificar que algo es correcto o incorrecto; expresar sus producciones de diversos modos —oralmente, por escrito, con dibujos, con símbolos—, así como, también, reconocer los nuevos conocimientos.

Es en este ciclo en el cual comienzan a organizarse «los modos de hacer y de aprender matemática». Progresivamente, los alumnos, reconocen cómo se aborda, se aprende, se estudia, se conoce y se produce matemática. De ahí que el desafío docente consiste en desplegar propuestas de aprendizaje que les permitan aprender matemática «*haciendo matemática*».

El rol docente es de vital importancia porque él es quien selecciona y propone las actividades para que los alumnos usen los saberes disponibles y produzcan nuevos conocimientos, él favorece el intercambio, la discusión, organiza las puestas en común. Asimismo es quien tiene a su cargo la tarea de hacer que los alumnos reconozcan los nuevos conocimientos y los utilicen en clases siguientes.

En el *Segundo Ciclo* se afianzarán y potenciarán los conocimientos adquiridos en el ciclo anterior. Se propiciará el trabajo en torno a la posibilidad de decidir autónomamente la verdad o falsedad de una afirmación, la validez o no de un resultado, de una propiedad; a partir de la elaboración de argumentos y relaciones matemáticas.

Muchas de las certezas construidas al estudiar los números naturales se verán cuestionadas con la introducción de los números racionales, por lo tanto deberán superar los obstáculos generados por los conocimientos de que disponían, cuestionándose las concepciones previas como parte del aprendizaje.

En síntesis

La numeración de números naturales es un aprendizaje que abarca a toda la escolaridad formal desde el Nivel Inicial hasta la Escuela Primaria con diferente nivel de profundización.

El docente debe comprender que los conocimientos se construyen en forma espiralada; que las construcciones de un nivel son el punto de partida del otro y que los problemas que los niños resuelven son el vehículo que les permite comprender, sistematizar, organizar, reformular... los conocimientos.

Capítulo 3
El Sistema de Numeración Decimal

El Hombre —ante su necesidad de transmitir información numérica— fue desarrollando, a lo largo del tiempo, diferentes maneras de expresión que dieron lugar a distintos sistemas de numeración que le permitieron comunicarse y operar en forma cada vez más rápida y eficiente.

Las distintas culturas fueron creando diferentes sistemas, los que se conocen hasta hoy se pueden agrupar de la siguiente forma: *sistemas aditivos, sistemas híbridos y sistemas posicionales.*

✓ *Sistemas aditivos.*

Son los que están formados por una cantidad determinada de signos. Los números se forman por la yuxtaposición de los mismos.

Ejemplo de este sistema es el egipcio en el cual, cada símbolo se repite tantas veces como cantidad se desea indicar. Por ejemplo:

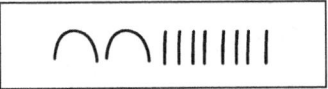

Representa el número 28 porque ∩ equivale a 10 y | a 1.

✓ **Sistemas híbridos.**
El Hombre siguió evolucionando y para evitar largas repeticiones creó los *sistemas híbridos*. Sistemas que combinan la multiplicación y la suma.
Ejemplo de este sistema es el *chino-japonés*. Se escribe en forma vertical y se lee de arriba hacia abajo.
Por ejemplo:

Representa al número 28, porque ⫽ equivale a 2 y 𝟋 a 10, al ser multiplicativo 2 X 10 = 20, luego)(se corresponde con el número 8 y 20 + 8 = 28.

✓ **Sistemas posicionales**.
Se caracterizan por poseer una cantidad limitada de signos y otorgar un valor variable a los mismos de acuerdo al lugar que ocupen en la escritura. Siguiendo con nuestro ejemplo: 28, dentro del *Sistema de Numeración Decimal*, se escribe con el 2 que ocupa el lugar de las decenas, equivale a 20 y el 8 en el lugar de las unidades.

Características del Sistema de Numeración Decimal

La culminación de la evolución histórica de los sistemas de numeración la constituye el *Sistema de Numeración Decimal*, lenguaje *matemático* universal de la Humanidad, que posee las siguientes características:

✓ **Sistema de base diez**.
La palabra *decimal indica que la base es 10* y por lo tanto el sistema está conformado por 10 signos diferentes. Estos son: 1, 2, 3, 4, 5, 6, 7, 8, 9, 0.

✓ **Valor de cada signo.**
Cada uno de los signos que conforman nuestro sistema de numeración *posee a la vez un valor absoluto y uno relativo*.
El *valor absoluto* indica el signo, independientemente del lugar que ocupa.
El *valor relativo* hace referencia al valor de cada signo en relación con el lugar que ocupa en el número.
Por ejemplo, si consideramos 28 y 82:
- Son idénticos en valor absoluto, ambos están formados por los números 2 y 8.
- Varían en valor posicional porque en 28 el 8 ocupa el lugar de las unidades y el 2 el lugar de las decenas, mientras que en 82 el 2 ocupa el lugar de las unidades y el 8 el lugar de las decenas.

✓ **Agrupamientos de 10 en 10.**
Los términos *decena, centena, unidad de mil...* indican agrupamientos de 10 elementos de orden superior.
Por ejemplo:
- La *decena* hace referencia a un grupo de *10 unidades*.
- La *centena* indica un grupo de *10 decenas*.
- La *unidad de mil* equivale a un grupo de *10 centenas*.
Así podemos continuar formando grupos de 10 elementos y obtener agrupamientos de orden superior.

✓ **El cero.**
El *cero* es el signo que, a diferencia de los demás, indica ausencia de cantidad, de agrupamiento de un determinado orden.
Por ejemplo: 109 está formado por:
- 1 centena, 0 decenas, 9 unidades.
- 10 decenas, 9 unidades.
- 1 centena, 9 unidades.

En síntesis

El Sistema de Numeración Decimal es:
✓ *Posicional y económico* porque con sólo 10 signos permite formar infinita cantidad de números que se diferencian entre

sí por la posición que ocupan sus cifras, es decir por el valor relativo de las mismas.

✓ *Difícil de apropiar* ya que sus reglas de construcción no resultan evidentes, requieren de una enseñanza sistemática que permita comprenderlo y organizarlo, tarea que, por lo general se realiza en la escuela.

Para comprender la importancia que para la Humanidad representó la creación de este objeto cultural, compartamos las palabras de G. Ifrah (1987):

> «...*en la historia de la Humanidad se han producido dos acontecimientos tan revolucionarios como el dominio del fuego, el desarrollo de la agricultura o la eclosión del urbanismo y de la tecnología. Nos referimos a la invención de la escritura y a la del cero y de las llamadas cifras árabes pues, como las otras, estas invenciones han cambiado por completo la existencia de los seres humanos*».

¿Cómo abordar la enseñanza del Sistema de Numeración Decimal en la Escuela Primaria?

Como hemos mencionado en el capítulo anterior los alumnos aprenden matemática «*haciendo matemática*»; de ahí que la variedad de propuestas que se les ofrezcan determinen el tipo de construcción alcanzado en torno a un concepto.

Las prácticas que los alumnos desarrollen en la escuela deben estar configuradas entre otros elementos por:

✓ ***El tipo de problema, su secuenciación, sus modos de presentación.***
Esta tarea le compete al docente, dado que es él quien selecciona los problemas teniendo en cuenta los saberes disponibles del grupo y el contenido a trabajar.

Asimismo debe tener presente que es importante reiterar actividades para dar a los alumnos la posibilidad de avanzar en las estrategias de resolución.

✓ *Las interacciones entre los alumnos y las situaciones.*
El protagonismo pasa del docente al alumno, quien, a partir de sus saberes, buscará formas que le permitan resolver el desafío que se le presenta. Es importante el trabajo en pequeños grupos para que la discusión, intercambio, reflexión conjunta, la circulación de saberes... potencien los conocimientos disponibles.

✓ *Las intervenciones docentes durante el proceso de enseñanza.*
Aquí el centro está constituido por los alumnos y por el docente. Los primeros dan a conocer sus resoluciones, acertadas o no, explican las estrategias usadas y el docente, a partir de lo producido por el grupo, interviene tanto para modificar errores como para reconocer el saber alcanzado independientemente de la situación en que ese saber fue utilizado.
Propiciar momentos de intercambio y reflexión colectiva ayuda a producir avances.

A continuación focalizaremos las prácticas en cada ciclo de la Escuela Primaria.

En el Primer Ciclo

Los niños, como ya analizamos, ingresan a la Escuela Primaria con conocimientos numéricos heterogéneos; el docente debe plantear problemas tales que, al resolverlos, arrojen luz acerca de lo que los niños saben, favoreciendo explicaciones orales sobre las estrategias de resolución utilizadas.

Los problemas que el docente debe plantear intencionalmente en este ciclo son:

✓ *Problemas que den continuidad a los procesos de enseñanza y de aprendizaje.*
✓ *Problemas relacionados con los usos sociales de los números.*
✓ *Problemas que impliquen explorar números de distinto tamaño.*
✓ *Problemas que permitan el estudio sistemático de un rango de números.*
✓ *Problemas relacionados con el valor posicional.*

Problemas que den continuidad a los procesos de enseñanza y de aprendizaje.

Los niños, al pasar de un nivel a otro (Inicial-Primario) o de un año a otro, deben comprender que los aprendizajes adquiridos les son útiles para resolver las situaciones del nuevo nivel o año. Para ello es necesario que el docente comience con actividades similares a las realizadas en los últimos meses del nivel o del año anterior.
Estas actividades permitirán al docente conocer los saberes iniciales de su grupo, y a los alumnos, poner en movimiento sus conocimientos.

Problemas relacionados con los usos sociales de los números.

El número —si bien es un concepto único— adquiere diferentes significados en función del contexto en el cual se lo emplea; en la vida real es usado de diferentes formas, tales como:

✓ **Cardinal**, permite conocer la cantidad de elementos de un conjunto.
Por ejemplo, cuando decimos: «*Para el acto del 25 de mayo concurrieron a la escuela alrededor de 100 familiares de los alumnos*».

✓ **Ordinal**, posibilita diferenciar el lugar que ocupa un objeto dentro de una serie. Hacemos referencia a él cuando le indicamos a una persona: «*La tercera puerta del pasillo es la del baño*».
✓ **Identificación**, sirve para diferenciar objetos y personas. Por ejemplo, el número de nuestro Documento Nacional de Identidad (D.N.I.) permite diferenciarnos de otras personas, el número de Línea de Colectivo diferencia unas de otras.
✓ **Para medir**, cuando en un local de ropa pedimos un pantalón talle 44.
✓ **Para operar**, al calcular los gastos de luz, gas y agua que debemos pagar en un mes.

Con los niños es importante trabajar con diferentes portadores numéricos como: monedas, cintas métricas, envases de alimentos, calendarios, guías telefónicas... en los cuales podrán reconocer para qué se usan los números.
También es conveniente trabajar, desde 1° año, las marcas gráficas: *comas* en los precios y *guiones* en los números de teléfono para que los niños expresen sus hipótesis acerca de su uso.

Problemas que impliquen explorar números de distinto tamaño.

Los niños, a medida que se apropian del Sistema de Numeración Decimal, desarrollan hipótesis (Lerner y Sadovsky, 1994), algunas son:

✓ **Comparación de escrituras numéricas**.
Frente a las escrituras de dos números reconocen que:
- Entre dos números de diferente cantidad de cifras, el mayor es el que tiene mayor cantidad de cifras. Los chicos dicen: «*Si tiene muchos números es más grande*». Por ejemplo entre 29 y 130 reconocen que 130 es mayor porque tiene más números.

- Entre dos números de igual cantidad de cifras, reconocen que la posición de las cifras determina cuál es el mayor. En términos de los niños: «*El primero es el que manda*». Por ejemplo: entre 25 y 19 dicen que 25 es mayor porque 2 es más grande que 1.

En ambos casos se observa que los niños al inicio no consideran al número como totalidad sino a cada cifra en forma aislada.

✓ ***Relaciones entre la oralidad y la escritura de números***. Los niños al escribir números se basan en sus conocimientos sobre la numeración oral. Yuxtaponen los símbolos que conocen ubicándolos en forma correspondiente a la numeración hablada, sin tener en cuenta las reglas de la escritura convencional. Por ejemplo para escribir 116 escriben 100 y 16, leyendo «*ciento dieciséis*».

El docente puede presentar a su grupo números de igual y de distinta cantidad de cifras, por ejemplo 350, 4.009, 2.180.001 para que los niños —con base en ejemplos como este— elaboren relaciones del tipo: «*los cienes tienen tres, los miles tienen cuatro y los millones tienen muchas*», «*cuatro mil nueve empieza con cuatro y termina con nueve*».

Estas actividades apuntan a que los niños exploren las regularidades de la serie numérica sin límite en el tamaño, porque no necesitan dominarlas.

Este trabajo se puede acompañar con carteles que indiquen la forma de nombrar y escribir «números redondos» 10, 20, 30... 100, 200... 1.000, 10.000, 100.000...

Problemas que permitan el estudio sistemático de un rango de números

Las actuales investigaciones ponen de relieve que, para los niños, es más sencillo aprender a leer, escribir y ordenar números si se enfrentan a una porción grande de la serie numérica. Es así como se propone trabajar en 1° año hasta 100 ó 150, en 2° hasta 1.000 ó 1.500 y en 3° hasta 10.000 ó 15.000.

La idea es presentar toda la porción de la serie numérica que se trabajará para que los niños, junto con la ayuda de los carteles de los «números redondos», puedan descubrir, desde 1° año, relaciones tales como: *«los veinte empiezan con 2»*, *«los treinta empiezan con 3»*, *«cuarenta y cinco va con cuatro y cinco»*.

Actividades que favorecen la construcción de regularidades son: juegos de loterías y de adivinación de números, completar grillas con los números que faltan, descubrir los números intrusos, completar escalas, descubrir el intervalo de una escala, ordenar números de mayor a menor y viceversa...

Problemas relacionados con el valor posicional

El análisis del valor posicional en términos de unidad, decena, centena, es decir de agrupamientos recursivos, no forma parte de los contenidos del Primer Ciclo ya que exige dominio de la multiplicación y división por 10 que los niños del ciclo no poseen.

Comprender que 84 equivale a 8 decenas y 4 unidades implica la multiplicación de 8 X 10 + 4 ó bien que la división 84 : 10 implica 8 de cociente y 4 de resto.

En este ciclo el valor posicional será abordado desde el planteo de problemas que les permitan a los niños comprender que los números se pueden armar y desarmar en «unos», «dieces», «cienes», que la numeración hablada explicita la descomposición aditiva de un número.

Problemas que favorecen esta construcción son:

Armá 578 de tres formas diferentes.

Esta situación implica resoluciones del tipo:
✓ 500 + 70 + 8.
✓ 570 + 8.
✓ 100 + 100 + 100 + 100 + 100 + 70 + 8.

Así los niños trabajan las escrituras equivalentes comprendiendo que un mismo número se puede formar de diversas maneras.

¿Qué billetes y monedas podés usar para pagar $578?
Da dos posibles soluciones.

Dos respuestas posibles son:
✓ 5 billetes de $100, 7 billetes de $10 y 8 monedas de $1.
✓ 57 billetes de $10 y 8 monedas de $1.

Los billetes, recurso interesante para ser usado en este ciclo, les dan a los niños la posibilidad de armar y desarmar cantidades. Otros ejemplos de situaciones son:

Tengo 3 billetes de $10 y 4 monedas de $1
¿Cuánto dinero tengo?

¿Cuál es la menor cantidad de billetes de $100, de $10 y monedas de $1 que necesito para formar $780?

Anoté 860 en el visor de la calculadora,
¿cuáles teclas debo apretar para que con una única resta aparezca 760?
¿Y para que con una única suma aparezca 960?

Tengo 45 bolitas, mi abuela cada semana me regala 10 bolitas.
¿Cuántas tengo después de un mes?
¿Y después de dos meses?

En síntesis

De lo desarrollado se desprende que la enseñanza del sistema de numeración se realiza mediante aproximaciones sucesivas en las que se varía y profundiza el tipo de relaciones que se establecen entre los números.

En el Segundo Ciclo

El trabajo sistemático con el campo de los números naturales, por lo general, corresponde al Primer Ciclo, pero es sabido que muchos alumnos llegan a la finalización de la Educación Básica sin dominio de este sistema, de ahí que proponemos continuar con esta construcción a lo largo de la Escuela Primaria planteando problemas que pongan en juego las propiedades del Sistema de Numeración Decimal.

El trabajo que proponemos implica el planteo de:
✓ *Problemas que den continuidad a los procesos de enseñanza y de aprendizaje.*
✓ *Problemas que impliquen explorar números de distinto tamaño.*
✓ *Problemas relacionados con el valor posicional.*
✓ *Problemas relacionados con otros sistemas de numeración.*

Problemas que den continuidad a los procesos de enseñanza y de aprendizaje.

En este apartado reiteramos lo expresado en el Primer Ciclo. El alumno debe comprender que hay continuidad en sus aprendizajes, que las estrategias construidas son el punto de partida para las nuevas construcciones. Esto solo se hace realidad a partir del planteo de situaciones similares a las trabajadas en el año anterior.

Problemas que impliquen explorar números de distinto tamaño.

Se propone avanzar con el estudio de las regularidades del sistema de numeración —comenzado en el Nivel Inicial y continuado en el Primer Ciclo— a partir de la lectura, escritura y comparación de números.

Es conveniente trabajar con números muy grandes —miles, millones, miles de millones…— para que los alumnos verifiquen que las regularidades de los números menores se mantienen en los números mayores. Es posible contar de mil en mil, de millón en millón tal como se hacía de diez en diez, de cien en cien.

El docente deberá ofrecer información acerca de los *«números redondos»*: diez mil, veinte mil, diez miles, cien miles, diez millones, billones.

Actividades que favorecen este análisis son:

Armar escalas ascendentes y descendentes de:
- ✓ 100 en 100.
- ✓ 1.000 en 1.000.
- ✓ 2.500 en 2.500.
- ✓ 5.000 en 5.000.

Dada una recta numérica averiguar:
- ✓ El anterior o posterior de un número.
- ✓ Ubicar números.
- ✓ Detectar intrusos.

Una fábrica de neumáticos para autos cuenta con 420.000 unidades. ¿Si por semana fábrica 1.500 neumáticos, cuántos tendrá en cada una de las próximas cuatro semanas?

Una colonia de vacaciones tiene 15.500 toallas de papel. Por semana usa 500 toallas, ¿cuántas toallas tendrá en cada una de las próximas cuatro semanas?

Marcar el número que representa cincuenta y cinco millones quinientos mil cincuenta y cinco.
55.005.550 - 55.500.055 - 55.055.005 - 55.505.505

Si ocho mil millones se escribe: 8.000.000.000, escribe con letras estos números: 8.888.888.888 - 80.000.000.000

Problemas relacionados con el valor posicional

En el Segundo Ciclo se evoluciona en la construcción del valor posicional, tomando como base las construcciones adquiridas en el ciclo anterior.

Es de esperar que al llegar a este ciclo los niños posean dominios relacionados con la multiplicación y división por 10, siendo capaces de comprender tanto que 93 implica la multiplicación de 9 x 10 + 3 como que de la división de 93 : 10 resulta 9 de cociente y 3 de resto.

La evolución de las construcciones adquiridas se logrará en la medida en que el docente proponga situaciones que les permitan, a los alumnos, reflexionar tanto acerca de la ductilidad del Sistema de Numeración Decimal para operar con la unidad seguida de ceros como haciendo explícitas las relaciones aritméticas subyacentes en la escritura de números.

Este trabajo también les permitirá comprender la estructura del Sistema de Numeración Decimal en lugar de memorizar nombres —unidad, decena, centena...—.

Para lograr el objetivo descripto habrá que plantear situaciones del tipo:

Componer y descomponer números apelando a sumas y multiplicaciones por la unidad seguida de ceros.
Por ejemplo 578 equivale a:
✓ *57 x 10 + 8*   ✓ *5 x 100 + 7 x 10 + 8*

Lucas tiene billetes de $1.000, $100, $10 y monedas de $1. ¿Cuántos de cada uno necesita para abonar los $3.333 que cuesta el televisor?

Analicen por qué se «quitan» o «agregan» ceros en estas operaciones:
- ✓ 45 x 10
- ✓ 340 : 10
- ✓ 14 x 1.000
- ✓ 7900 : 100

¿Se podrá pagar justo $348 si se usan sólo billetes de 10? ¿Por qué?

Con cuáles de estos cálculos se obtiene el número 867.432:
- ✓ 8 X 1.000.000 + 67 X 1.000 + 43 X 10 + 2
- ✓ 8 X 100.000 + 6 X 10.000 + 7 X 1.000 + 4 X 100 + 3 X 10 + 2
- ✓ 86 X 10.000 + 74 X 100 + 32

¿Cuál es el menor de estos números?
- ✓ 60 x 10.000 + 7 x 1.000 + 520
- ✓ 657.052
- ✓ 675 x 1.000 + 2

Anota las teclas que debes cliclear para pasar en la calculadora de 7.890 a 7.090. Luego verifica con la calculadora.

¿Cuántas bolsas de 100 caramelos se pueden llenar con 4.567 caramelos? ¿Sobran caramelos? ¿Cuántos?

¿Es posible dar 100 papeles afiches a cada uno de los 56 docentes de la escuela si se compran 560 paquetes de 10 afiches cada uno? ¿Por qué? Resolvé sin hacer cuentas.

Completá la tabla sin hacer las cuentas de dividir:

Dividendo	Divisor	Cociente	Resto
54.600	1.000		
	10	34.563	0
	100	63	12

Problemas relacionados con otros sistemas de numeración

Hacer que los alumnos exploren los diversos sistemas de numeración —aditivos, multiplicativos...— que el Hombre construyó a lo largo de la historia con el objetivo de que los comparen con el Sistema de Numeración Decimal.

Comparación que deberá realizarse, entre otros aspectos, teniendo en cuenta:

✓ Cantidad de símbolos.
✓ Valor absoluto y relativo de las cifras.
✓ Uso o no del cero.

Estas actividades permitirán, a los alumnos, comprender la conveniencia de nuestro sistema de numeración universal. Por ejemplo:

En relación con el sistema egipcio se pueden plantear interrogantes del tipo:
✓ ¿Por qué no necesitaban un símbolo para el cero?
✓ El orden de los símbolos cambia el valor total del número.
✓ Con los símbolos disponibles y respetando la regla de utilizar como máximo nueve símbolos de un tipo, ¿podían escribir cualquier número? ¿Por qué?
✓ ¿Hasta qué número se puede escribir usando solamente los símbolos para uno, diez, cien y mil?

En síntesis

El cuadro que a continuación desarrollamos plantea las consideraciones generales que deben tenerse en cuenta a la hora de trabajar el Sistema de Numeración Decimal en la Escuela primaria.

Cuadro síntesis

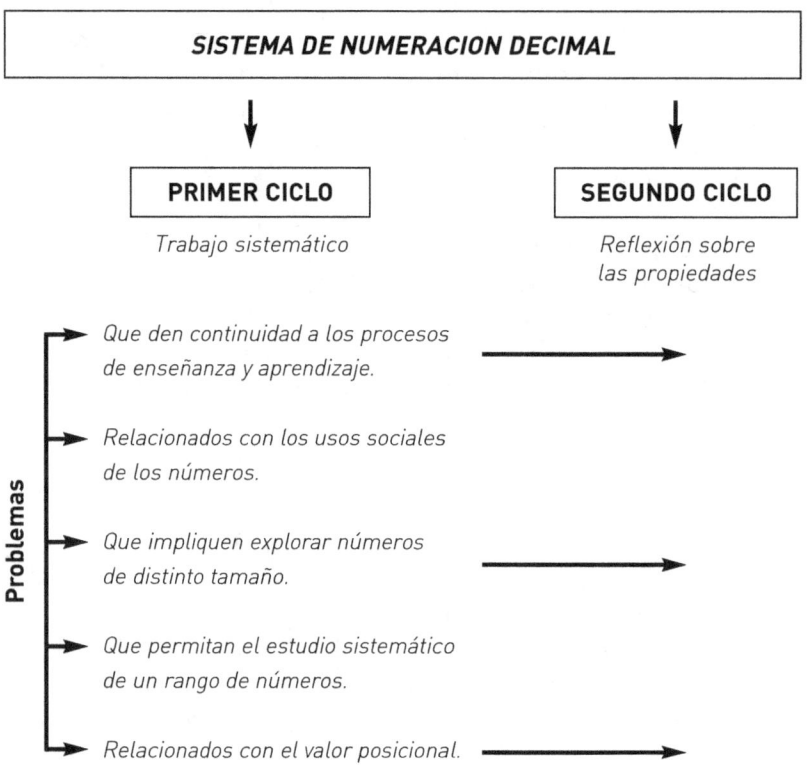

Capítulo 4
Secuencias didácticas para abordar el Sistema de Numeración Decimal

En el Capítulo 1 hablamos de «*el armado de secuencias didácticas*» analizando, entre otros, el concepto de *variable didáctica*. También expresamos que una propuesta de calidad lleva a que las situaciones de aprendizaje se encadenen formando *secuencias didácticas* que tienden a complejizar, resignificar, transformar un concepto; siendo éstas de vital importancia a la hora de pensar *qué* y *cómo* enseñar.

Al respecto Laura Pitluk (2006) sostiene: «*La riqueza de las secuencias didácticas radica en darle continuidad a las propuestas, dar cuenta de su coherencia y plasmar las relaciones entre las diferentes tareas. Implica la diferenciación y articulación de actividades mirándolas desde su unidad de sentido, desde la intención de generar aprendizajes relacionados y (no entrecortados) que le imprimen sentido y riqueza a las acciones*».

Así, el armado de secuencias supera el clásico ordenamiento lineal de las actividades desde la más simple a la más compleja, dado que cada actividad en sí misma constituye un problema a resolver y por lo tanto implica complejidad y aprendizaje para los niños.

A la hora de diseñar secuencias didácticas se deberán tener en cuenta, entre otros, los siguientes aspectos:

✓ Conocer lo que saben los niños.
✓ Determinar los contenidos a enseñar.
✓ Seleccionar los problemas a plantear.
✓ Proponer variables didácticas que complejicen los problemas planteados inicialmente.

Significa pensar una actividad inicial y luego otros problemas relacionados con ella que impliquen grados de complejidad crecientes (variables didácticas).

Es necesario tener presente que, como ya hemos planteado, los conocimientos matemáticos no se adquieren de una sola vez, sino que por lo general es necesario reiterar algunas de las actividades de la secuencia con el objetivo de propiciar la apropiación por parte de todos los niños.

A continuación plantearemos secuencias didácticas que hacen referencia a los problemas que, dentro del Sistema de Numeración Decimal, debemos trabajar intencionalmente tanto en el Primer Ciclo como en el Segundo Ciclo.

Primera secuencia «*Jugando con cartas*»

En esta secuencia nos proponemos recuperar los aprendizajes que los niños adquirieron en el Nivel Inicial para que puedan ser usados en este nivel como punto de partida de nuevas conceptualizaciones.

Comenzamos planteando *problemas que dan continuidad a los procesos de enseñanza y de aprendizaje* ubicándonos en los primeros meses de 1° año.

Propuesta 1.
«*Escoba de 7*»

Objetivo de la propuesta para el niño.
✓ Levantar la mayor cantidad de cartas posibles.

Materiales.
✓ Cartas españolas del 1 al 6.
Desarrollo.
✓ Se forman grupos de no más de 4 jugadores.
✓ Se reparten tres cartas a cada jugador, y se colocan tres cartas en el centro de la mesa.
✓ Cada jugador, a su turno, debe formar un total de 7 (siete) con una de sus cartas y una o más cartas de la mesa. En caso de no poder formar 7 (siete) debe colocar en el centro de la mesa una de sus cartas.
✓ El juego termina cuando se reparten todas las cartas.
✓ El último jugador que forma 7 (siete) se lleva las cartas que quedan en la mesa.
✓ Gana el jugador que más cartas obtuvo.

Propuesta 2.
«Escoba de 9»

Se juega de la misma forma que la anterior teniendo en cuenta que:
✓ se usan cartas españolas del 1 al 8.
✓ se debe formar un total de 9 (nueve) con una de sus cartas y una o más cartas de la mesa.

Propuesta 3.
«Escoba de 10»

Se juega de la misma forma que la anterior teniendo en cuenta que se:
✓ Usan cartas españolas del 1 al 9.
✓ Debe formar un total de 10 (diez) con una de sus cartas y una o más cartas de la mesa.

Propuesta 4.

¿MAURICIO PUEDE FORMAR 7?
¿CON QUÉ CARTAS? UNILAS.

Propuesta 5.

¿PATRICIA PODRÍA HABER LEVANTADO LAS CARTAS
DE OTRA FORMA? ESCRIBILO.

Propuesta 6.

JUAN, MARTINA Y ESTEBAN JUGARON A LA *«ESCOBA DE 10»*. AL TERMINAR CONTARON SUS CARTAS Y OBTUVIERON:

SI GANA EL QUE TIENE MÁS CARTAS, ¿*QUIÉN GANÓ?
¿POR QUÉ?*

Propuesta 7.

Se puede trabajar en la sala de computación o en el aula con la computadora personal. Se plantea a los niños que recuerden las reglas del juego *«Escoba de 10»*. Una vez que los niños relatan sus recuerdos se les indica: *«Dibujen tres rectángulos y escriban en ellos números que nos permitan llegar a 10. Solo pueden usar los números del 1 al 9»*.

Propuesta 8.
«Escoba de 15»

Se juega de la misma forma que las anteriores teniendo en cuenta que:
✓ se usan cartas españolas del 1 al 12.
✓ se debe formar un total de 15 (quince) con una de sus cartas y una o más cartas de la mesa.

En esta secuencia se parte de los saberes que los niños construyeron en el Nivel Inicial. Los alumnos, para encontrar cartas que al reunirlas lleguen a 7, podrán usar diversos procedimientos tales como conteo, sobreconteo, resultado memorizado y podrán o no reconocer la escritura simbólica de los números.

En un primer momento reunirán las cartas de a dos, estableciendo que 6 y 1 , 5 y 2 , 4 y 3 son los pares que les permiten llegar a 7. Es de esperar que luego puedan armar tríos como 4, 2 y 1.

La secuencia está formada por actividades en contextos lúdicos, *propuestas 1, 2, 3 y 8* y otras en las que prevalece el plano gráfico *propuestas 4, 5, 6, y 7*.

Las **propuestas 1**, **2** y **3** implican el planteo de problemas con creciente nivel de dificultad ya que los niños deben juntar cartas que lleguen a 7, 9 y 10.

Las **propuestas 4**, **5**, **6**, y **7** están pensadas para que los niños reflexionen acerca de las estrategias que construyeron en las propuestas lúdicas. A su vez, cada una de ellas, además de trabajar con escobas de distinto valor, plantean problemas diferentes porque:

✓ **Propuesta 4**: solicita juntar cartas que lleguen a 7. Se ofrecen dos posibilidades: 4 de espadas, 2 de oros y 1 de copas - 4 de espadas y 3 de bastos. Por lo general los niños usan la que es dicotómica.

✓ **Propuesta 5**: se sitúa en el entorno de la Escoba del 9, se presenta una forma de llegar a 9 y se les solicita que busquen otra que necesariamente debe incluir tres cartas. Con esta propuesta el docente plantea un desafío mayor dado que, a los niños de 1° año, les resulta difícil juntar más de dos números para llegar a otro.

✓ **Propuesta 6**: en el contexto de la Escoba de 9 se solicita determinar el ganador de la jugada, para lo cual los niños deberán comparar tres números, dos de los cuales tienen dos cifras y la decena es coincidente.

✓ **Propuesta 7**: se propone realizarla en la computadora. Los niños deberán juntar tres números que les permitan llegar a 10. Una vez que resuelvan la actividad el docente debe dar lugar a un espacio de intercambio para permitir al grupo escolar reflexionar sobre las diferentes formas de juntar tres números para llegar a 10.

En la *propuesta 8* se avanza en el campo numérico; se pasa de 10 a 15. Se usan las cartas 10, 11 y 12 que los niños deberán reconocer mediante el reconocimiento del número.

Las actividades que componen la secuencia, en su conjunto, favorecen el desarrollo del cálculo mental.

Segunda secuencia *«Armando tarjetas»*

Esta secuencia está pensada para trabajar con alumnos del Segundo Ciclo *problemas relacionados con el valor posicional.*

Propuesta 1. «Las parcelas»

Objetivo de la propuesta para el alumno.
✓ Obtener el mayor puntaje.

Materiales.
✓ Tarjetas de color celeste con los números 100.000, 10.000, 1.000, 100, 10 y 1 (12 de cada nominación).
✓ Tarjetas de color verde con los números 350.050, 305.005, 429.368, 420.008, 205.001, 202.020, 101.100, 500.060, 100.010, 573.070.
✓ Hojas y lápices.
✓ Un reloj de arena.

Desarrollo.
✓ Se forman grupos de cuatro integrantes que se dividen en parejas.
✓ Las tarjetas verdes indican el precio de la parcela y las tarjetas celestes hacen las veces de dinero.
✓ Sobre la mesa se colocan, boca abajo, las tarjetas verdes y boca arriba las tarjetas celestes formando montones de 100.000, 10.000, 1.000, 100, 10, 1.
✓ La pareja «A» levanta una tarjeta verde y toma las tarjetas celestes que necesita para llegar al importe indicado. Debe hacerlo durante el tiempo que el reloj de arena tarda en marcar un minuto. Si lo hace en forma correcta anota el valor de la parcela como puntaje, caso contrario la pareja «B» anota ese valor.
✓ Una vez que cada pareja armó el valor de la parcela las tarjetas celestes se vuelven a colocar en el montón mientras que las tarjetas verdes se separan del juego.
✓ Se invierten los roles y se continúa jugando hasta que cada pareja levanta tres tarjetas verdes.
✓ Gana la pareja que en tres vueltas obtiene el mayor puntaje.

Propuesta 2.

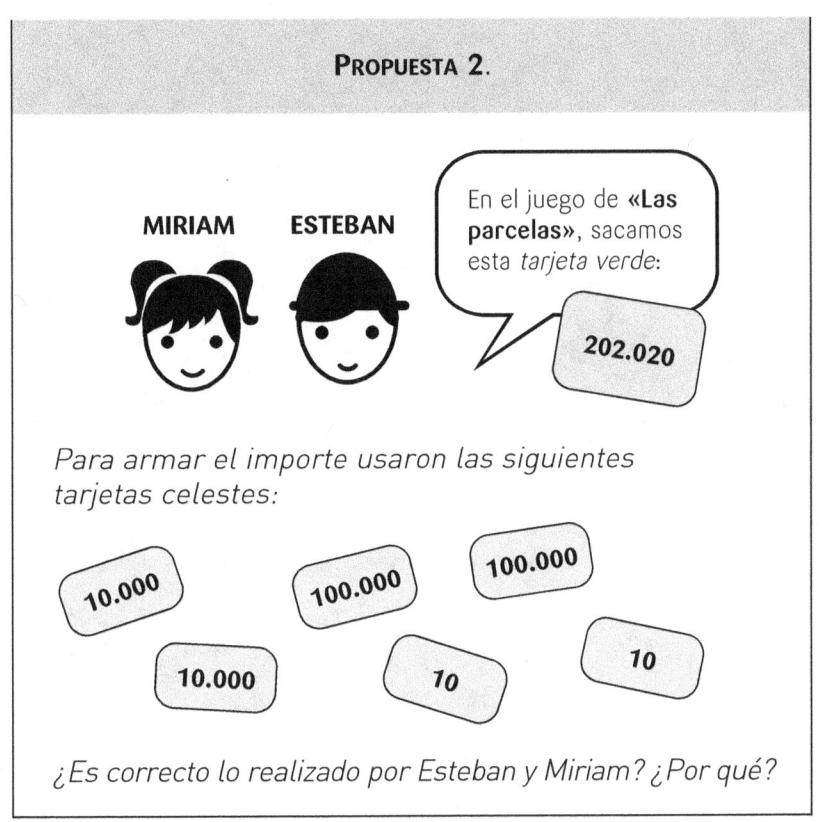

MIRIAM ESTEBAN

En el juego de **«Las parcelas»**, sacamos esta *tarjeta verde*: 202.020

Para armar el importe usaron las siguientes tarjetas celestes:

10.000   100.000   100.000
10.000   10   10

¿Es correcto lo realizado por Esteban y Miriam? ¿Por qué?

Propuesta 3.

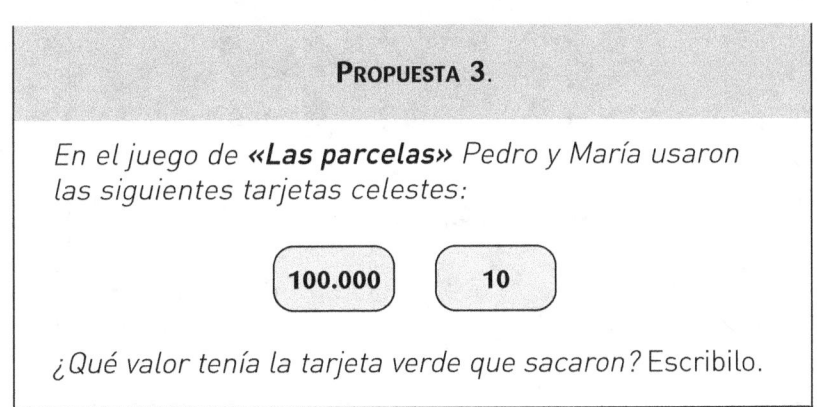

En el juego de **«Las parcelas»** Pedro y María usaron las siguientes tarjetas celestes:

100.000   10

¿Qué valor tenía la tarjeta verde que sacaron? Escribilo.

Propuesta 4.

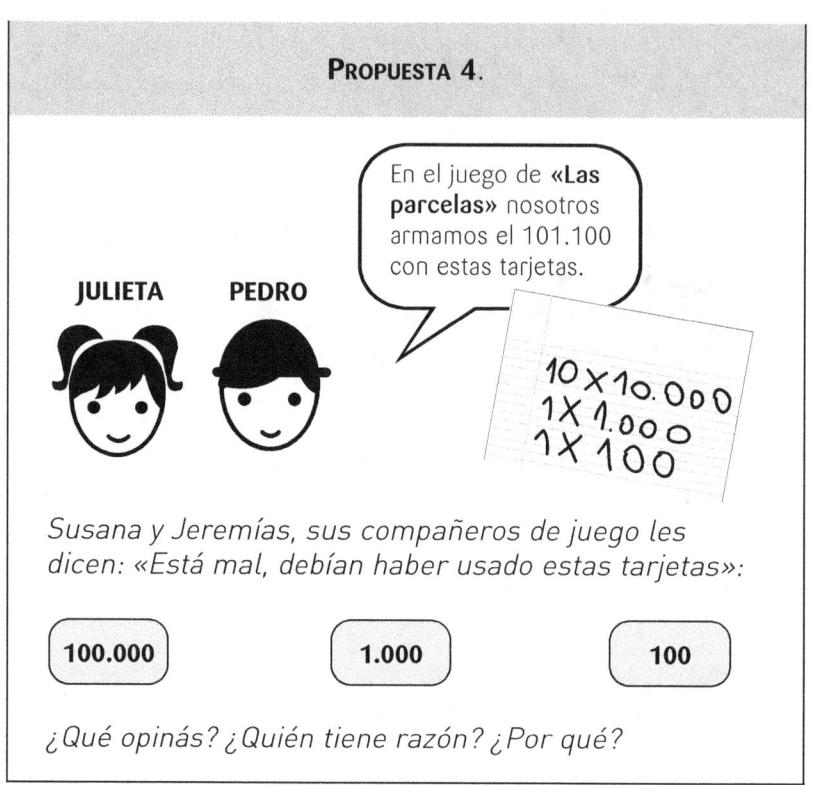

En el juego de «**Las parcelas**» nosotros armamos el 101.100 con estas tarjetas.

JULIETA   PEDRO

10 × 10.000
1 × 1.000
1 × 100

Susana y Jeremías, sus compañeros de juego les dicen: «Está mal, debían haber usado estas tarjetas»:

(100.000)   (1.000)   (100)

¿Qué opinás? ¿Quién tiene razón? ¿Por qué?

Propuesta 5.

Marisol y Victor en el juego **«Las parcelas»** sacaron la siguiente tarjeta verde:

(573.070)

Para formar ese importe usaron sólo tarjetas celestes de: 10.000 - 1.000 - 10.
¿Cuántas tarjetas de cada valor usaron?

Esta secuencia implica un grado de dificultad creciente pasando de lo lúdico al plano gráfico.

En la ***propuesta 1*** los niños deben armar un número con tarjetas que representan la unidad seguida de ceros. Tarea que debe realizarse en un determinado lapso de tiempo. Para poder cumplir la consigna deberán comprender la estructura del Sistema de Numeración Decimal.

Las ***propuestas 2, 3 y 4*** proponen reflexionar sobre lo realizado en el juego planteando problemas diferentes:

✓ ***Propuesta 2****:* se les solicita establecer si la jugada realizada por Esteban y Miriam es o no correcta, debiendo justificar su respuesta. Deberán componer un número a partir de las tarjetas que se les presentan para establecer una relación de igualdad entre tarjetas verdes y celestes.

✓ ***Propuesta 3****:* a partir de las tarjetas celestes presentadas deben realizar una composición que les permita indicar el valor de la tarjeta verde.

✓ ***Propuesta 4****:* se plantean dos formas diferentes —ambas correctas— de armar el valor de la tarjeta verde y se les solicita a los niños que determinen cuál de las parejas tiene razón y que justifiquen su respuesta. En una de las descomposiciones aparecen la centena de mil y la unidad de mil y la centena, mientras que en la otra figuran la decena de mil y la unidad de mil y la centena.

✓ ***Propuesta 5****:* se les solicita armar el valor de una tarjeta verde, con la restricción de usar sólo determinadas tarjetas celestes. Los niños deberán comprender que al no estar la tarjeta que representa la centena de mil tendrán que transformarlas en decenas de mil.

Para resolver las propuestas que conforman la secuencia los niños deben hacer uso de sus saberes relacionados con el Sistema de Numeración Decimal y con la forma en que se pasa de unidad, decena y centena a unidad, decena y centena de mil y viceversa.

Los alumnos pueden armar el material que conforma la propuesta lúdica manualmente o en la computadora. El docente deberá proponer el valor de las tarjetas celestes porque en ellas está centrado el contenido que se trabaja y los alumnos pueden pensar las tarjetas verdes cumpliendo las siguientes restricciones: *«Armar tarjetas que expresen cantidades que contengan la centena de mil con dos, tres, cuatro y cinco ceros. Dos tarjetas de cada tipo».*

Tercera secuencia «*A los miles y millones*»

Estas propuestas están destinadas a alumnos del Segundo Ciclo. Se relacionan con *Problemas que implican explorar números de distinto tamaño.*

Propuesta 1.

El día anterior el docente solicita, a su grupo de alumnos, que traigan una fotocopia del DNI. En la clase siguiente les pide que armen grupos de cuatro integrantes y realicen la siguiente actividad:
- ✓ Copien los números del DNI de cada integrante del grupo.
- ✓ Ordenen los números de menor a mayor.
- ✓ Seleccionen un número, escriban el número anterior y posterior.
- ✓ Escojan otro número y escríbanlo con letras.

Propuesta 2.

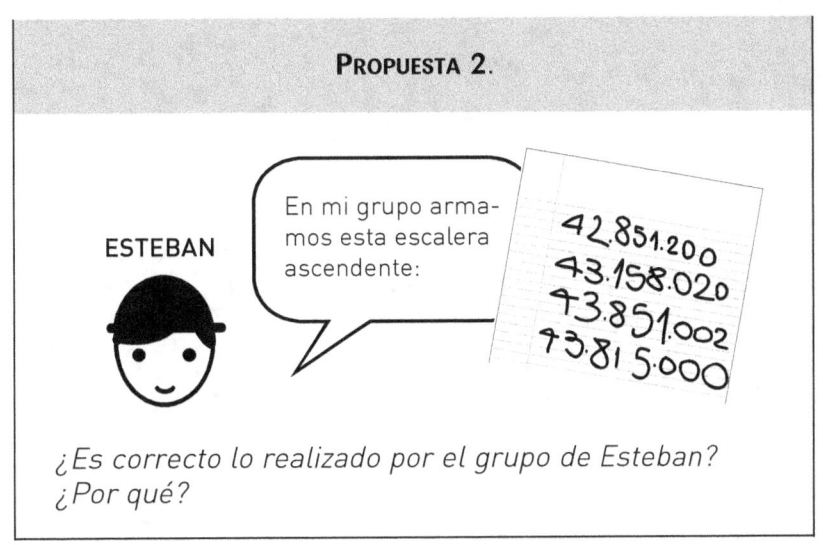

ESTEBAN: En mi grupo armamos esta escalera ascendente:

42.851.200
43.158.020
43.851.002
43.815.000

¿Es correcto lo realizado por el grupo de Esteban? ¿Por qué?

Propuesta 3.

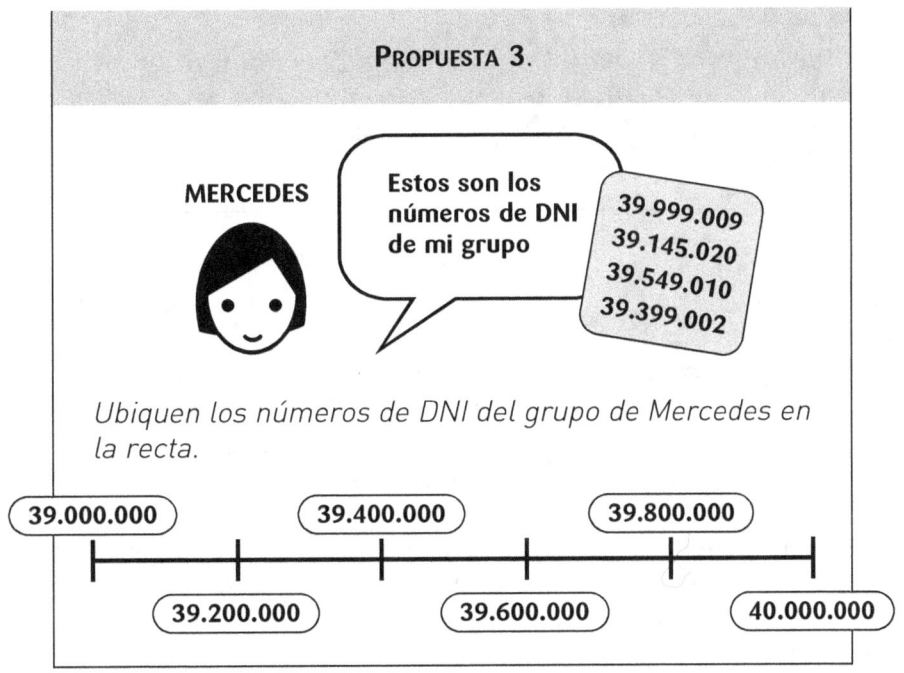

MERCEDES: Estos son los números de DNI de mi grupo

39.999.009
39.145.020
39.549.010
39.399.002

Ubiquen los números de DNI del grupo de Mercedes en la recta.

PROPUESTA 4.

Juana, la empleada del Registro Civil de Carmen de Patagones, ordena los DNI de los chicos de la Escuela N° 27 de la siguiente forma:

> 30.030.030 - 30.130.030 - 30.230.030 - 30.330.030
> 30.403.030 - 30.430.030 - 30.530.030 - 30.630.300

Descubre la escala que usó Juana para ordenar los números. *¿Hay números intrusos? ¿Por qué?*

PROPUESTA 5.

En el Registro Civil de Carmen de Patagones hay un stock de 123.800 DNI en blanco. Si cada mes usan 500, ¿cuántos DNI en blanco tendrán en cada uno de los próximos cuatro meses?

La secuencia implica el planteo de dificultad en grado creciente dado que:

✓ en la **propuesta 1** a partir de números significativos para los niños se les solicita ordenarlos, escribir el anterior, el posterior y con letras. Se solicita cumplir la consigna con un solo número, el que ellos elijan, pues eso basta para detectar logros o dificultades.

✓ en la **propuesta 2** se solicita que analicen la escala ascendente armada por otro grupo, detectando errores si es que los hay. Aquí es necesario que comprendan cuál es el menor y de ahí, observando desde la unidad de mayor valor a la de menor valor, establecer en qué orden deben estar colocados. Deberán pasar de la decena y unidad de millón a la centena, decena y unidad de mil y luego a la centena, decena y unidad.

✓ en la ***propuesta 3*** se pide ubicar los números de DNI de otro grupo en la recta. Los números se presentan en forma desordenada. Los niños deberán comprender primero que números incluye cada intervalo de la recta para luego ubicarlos.

✓ en la ***propuesta 4*** los niños deben reconocer el intervalo de la escala ascendente usada para luego descubrir el o los intrusos y explicar por qué lo son.

✓ en la ***propuesta 5*** se plantea armar una escalera descendente a partir de un enunciado, por lo tanto deberán reconocer que la escala es descendente —«*usan*»—, luego el intervalo solicitado —«*cada mes usan 500*»— y por último la cantidad de números solicitados —«*cada uno de los próximos cuatro meses*»—.

Como usted habrá observado el escribir, leer, comparar, armar escalas no es tarea sólo del Primer Ciclo, en este ciclo es necesario realizarla para que los niños se familiaricen con campos numéricos de poco uso en su vida pero sí importantes a la hora de leer artículos relacionados con las dimensiones de países, cantidad de productos que se importan o exportan...

Cuarta secuencia «*A los Números*»

Esa secuencia está pensada para que los niños del Primer Ciclo reflexionen en torno a una porción de la secuencia numérica, en este caso los números de tres cifras.

Se plantean *problemas que permiten el estudio sistemático de un rango de números.*

Propuesta 1.
«Descubriendo números»

Objetivo de la propuesta para el niño.
✓ Ser el primero en descubrir el número.
Materiales.
✓ Lápiz y papel
Desarrollo.
✓ Se forman parejas.
✓ El docente piensa un número de tres cifras en el que no haya cifras repetidas.
✓ Las parejas deben hacer preguntas que se puedan responder por Sí o por No y anotarlas.
✓ Cada pareja puede hacer un máximo de cinco preguntas.
✓ Si después de las preguntas estipuladas ninguna pareja descubre el número, el docente dice qué número pensó.
✓ Gana la pareja que primero descubre el número.
Aclaración: Se puede jugar en grupo total y que los niños sean quienes en forma individual hagan preguntas. Uno o dos de los alumnos pueden ser quienes piensen el número a descubrir y respondan las preguntas.

Propuesta 2.

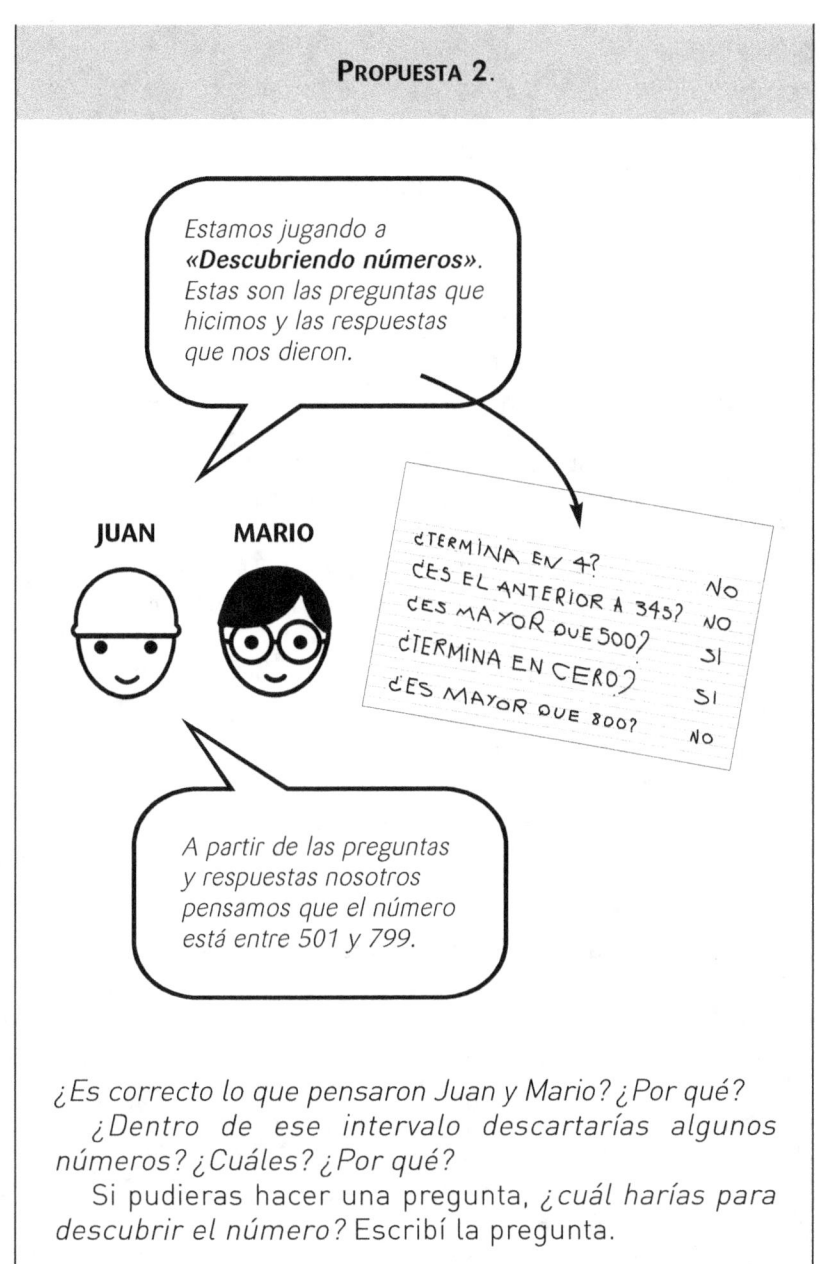

¿Es correcto lo que pensaron Juan y Mario? ¿Por qué?
 ¿Dentro de ese intervalo descartarías algunos números? ¿Cuáles? ¿Por qué?
 Si pudieras hacer una pregunta, ¿cuál harías para descubrir el número? Escribí la pregunta.

PROPUESTA 3.
«Colocando números»

Objetivo de la propuesta para el niño.
✓ Ser el primero en quedarse sin números.
Materiales.
✓ Tablero de 10 X 10.
✓ Tarjetas con los números del 400 al 469.
Desarrollo.
✓ Se forman grupos de cuatro jugadores.
✓ Se entrega a cada grupo un tablero y un juego de tarjetas. Las tarjetas son el pozo.
✓ Cada jugador, a su turno, retira del pozo una tarjeta.
✓ El jugador que comienza coloca su tarjeta en algún lugar del tablero.
✓ Los restantes jugadores deben colocar sus tarjetas *arriba*, *abajo*, *a la derecha* o *a la izquierda* de los números ubicados en el tablero.
✓ Por ejemplo: Si el número colocado es 347, se podrán ubicar:

	337	
346	**347**	348
	357	

✓ Si un jugador no puede colocar su tarjeta se queda con ella.
✓ El juego termina cuando uno de los jugadores se queda sin tarjetas.
Aclaración.
Las formas de determinar el final pueden variar:
✓ Cuando se terminan las tarjetas.
✓ Cuando se ubica un determinado número; p. ej: 444.
✓ Por un intervalo de tiempo; p.ej.: 10 minutos, al cabo del cual cada jugador deberá sumar el valor de sus tarjetas y ordenarlos de menor a mayor siendo el de menor puntaje el ganador y los que le siguen 2°, 3° y 4°.

Propuesta 4.

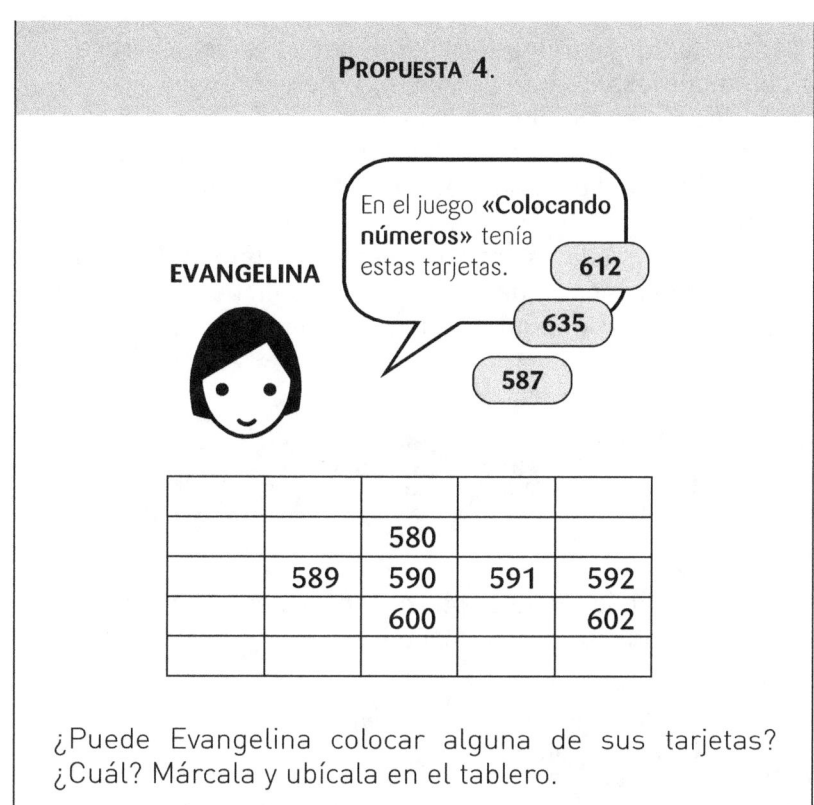

¿Puede Evangelina colocar alguna de sus tarjetas? ¿Cuál? Márcala y ubícala en el tablero.

Propuesta 5.
«Al mayor»

Objetivo de la propuesta para el niño.
✓ Juntar la mayor cantidad de tarjetas posibles.
Materiales.
✓ Tarjetas, desordenadas, con los números del 780 al 899.
Desarrollo.
✓ Se forman grupos de tres jugadores.
✓ Se colocan las tarjetas en el centro de la mesa, boca abajo, formando un pozo.

✓ Cada jugador saca una tarjeta del pozo y la coloca boca arriba en la mesa. El que obtiene la tarjeta de mayor valor se lleva las tarjetas de la mesa.
✓ En caso de empate se repite la acción entre los jugadores que empataron y el ganador se lleva las tarjetas de la mesa.
✓ Gana el jugador que más tarjetas obtiene.
Aclaración: Se pueden formar parejas o cuartetos. También se puede determinar que gana el que obtiene la tarjeta menor, en cuyo caso la propuesta se llamará *«Al menor»*.

En esta secuencia se plantean tres propuestas lúdicas: *1, 3 y 5* y la misma cantidad de propuestas en el plano gráfico: *2, 4 y 6*.

La secuencia establecida tiene por finalidad la reflexión acerca de las estrategias adquiridas en el juego con el propósito de que al reiterar la propuesta lúdica, con igual o diferente campo numérico, los niños sean capaces de poner en movimiento nuevas estrategias.

La **propuesta 1** «Descubriendo números» es interesante dado que el campo numérico lo selecciona el docente a partir de las necesidades que detecta en su grupo escolar. Los niños deben ser capaces de obtener información relevante a partir de la formulación de preguntas y la decodificación de la respuesta; motivo por el cual se plantea, en un primer momento, que jueguen en parejas.

También se estableció que al comienzo sea el docente quien piensa el número debido a que cuando ese rol es cumplido por los niños, ya sea en parejas o en forma individual, deben ser capaces de decodificar la pregunta y responder usando SÍ o NO teniendo en cuenta el número seleccionado.

Se plantea anotar las preguntas para que al finalizar el juego los niños reflexionen acerca de la información suministrada por las preguntas y respuestas, con el objetivo de que comprendan cuáles son las «buenas preguntas».

En la **propuesta 2** se plantea una situación en la cual los niños deberán reflexionar acerca de la información que les suministran las preguntas y las respuestas.

Analizando las preguntas planteadas podemos decir que:

Pregunta	Respuesta	Información que suministra
¿Termina en 4?	NO	Permite descartar, del conjunto de números de 100 a 999, a los que terminan en 4.
¿Es el anterior a 345?	NO	Sólo permite descartar al número 344.

Pregunta	Respuesta	Información que suministra
¿Es mayor que 500?	SI	Posibilita desechar a los números que van de 100 a 500.
¿Termina en 0?	SI	Permite saber que el número termina en cero y por lo tanto descartar las restantes terminaciones.
¿Es mayor que 800?	NO	Nos permite desechar los números que van del 801 al 999 y también, si la relacionamos con la pregunta ¿Es mayor que 500?, podemos tener la certeza de que el número elegido está entre 501 y 800.

Es de esperar que los niños sean capaces de realizar un análisis similar para luego, con base en lo analizado, puedan responder los interrogantes planteados.

La **propuesta 3** hace que los niños reflexionen en torno a cómo los números crecen y decrecen en forma horizontal y vertical. Deberán comprender que horizontalmente van de 1 en 1 mientras que verticalmente lo hacen de 10 en 10.

Si bien no se usan 100 números, porque se perdería el valor lúdico, se usa un tablero de 100 casillas porque los números a ubicar, tanto en cantidad como en forma, dependen de la ubicación del primer número. Esto varía de un juego a otro.

En la **propuesta 4** se les solicita a los niños ver la posibilidad de ubicar o no uno de los números que se tiene. Deberán indicar cuál y dónde colocarlo.

La **propuesta 5** plantea una situación de comparación entre tres números con el objetivo de determinar el mayor. Los niños deben ser capaces de establecer hipótesis que les permitan detectar el ganador.

También se puede plantear que el ganador sea el jugador que obtiene el número menor, en cuyo caso se plantea una variante y no una variable didáctica dado que a toda sucesión ordenada de números se la puede ver de mayor a menor o de menor a mayor.

Puede suceder que la comparación de tres números sea un obstáculo cognitivo elevado para el grupo escolar, en cuyo caso se propone jugar en parejas (simplificación de la propuesta inicial) o que el grupo pueda ser capaz de comparar más de tres números, en cuyo caso se propone jugar de a 4 (complejización de la propuesta inicial).

Por último, en la **propuesta 6** se pide resolver una situación en la cual se deben comparar tres números de igual centena, estableciendo si es o no correcta la expresión de un niño que compara los números por la cifra que ocupa el lugar de las unidades.

Quinta secuencia «*Los sistemas de numeración*»

Esta es una secuencia pensada para los últimos años del Segundo Ciclo que permite trabajar *problemas relacionados con otros sistemas de numeración*. La intención es conocer y comprender diferentes sistemas, analizando cómo su evolución permitió facilitar la escritura y operatoria.

Propuesta 1.
«Investigando»

Se divide al grupo escolar en pequeños grupos.
A cada uno se le solicita que investiguen acerca de uno de los siguientes sistemas de numeración: maya, egipcio, romano.
Los grupos deben cumplimentar las siguientes cuestiones:
✓ *Signos:* cantidad, valor y forma de uso.
✓ Tipo de sistema.
✓ Diseñar una clase en la cual informen a sus compañeros sobre lo investigado.

✓ Armar afiches con las particularidades del sistema investigado.

Aclaración*:* los alumnos pueden consultar textos así como también páginas de internet que brindan información escrita y en videos.

Entrando en Google, si se coloca:

✓ *«You tube sistemas de numeración»* se accede a variados videos.

✓ *«Sistema de numeración»* aparecen páginas que suministran información escrita.

Una vez que cada grupo investigó y expuso se les puede proponer que en pequeños grupos resuelvan las siguientes propuestas:

PROPUESTA 2.

Armen el número 99 en los sistemas:
✓ Egipcio.
✓ Romano.
✓ Maya.
Busquen diferencias y semejanzas entre los diferentes sistemas.
Comparen los tres sistemas con el nuestro.

PROPUESTA 3.

¿Es cierto que el hombre al crear los sistemas de numeración prefirió la base 10? ¿Por qué?
¿Hay sistemas que utilizan otras bases? ¿Cuáles?

> **PROPUESTA 4.**
>
> Responder V (verdadero) o F (falso) justificando
> en cada caso:
>
> a) El sistema de numeración romano no necesitaba un símbolo para el cero.
> b) El Sistema de Numeración Decimal tiene más símbolos que el romano.
> c) En el sistema maya hay un símbolo para el cero.
> d) En el sistema decimal, si un número entero se escribe con más símbolos es más grande que otro que se escribe con menos símbolos.
> e) El sistema egipcio es más económico que el sistema de numeración romano.
> f) El sistema egipcio necesita el número cero.
> g) El sistema maya es de base 20.
> h) En el sistema romano siempre sucede que un número que se escribe con más símbolos es más grande.
> i) Respetando las reglas del sistema de numeración egipcio se puede escribir cualquier número.

En la ***propuesta 1*** los alumnos buscan información sobre distintos sistemas de numeración con el objeto de conocer su funcionamiento. La explicación de unos a otros permite el intercambio y los afiches posibilitarán al docente contar con información para buscar semejanzas y diferencias.

Las ***propuestas 2, 3 y 4*** apuntan a que los alumnos comparen y reflexionen acerca de las particularidades de los distintos sistemas de numeración; no se busca que los dominen sino que a partir de ellos puedan profundizar el análisis del Sistema de Numeración Decimal.

Se plantea una resolución grupal, dado que el intercambio favorecerá la búsqueda de respuestas y luego la discusión en grupo total permitirá socializar argumentaciones.

Consideraciones generales
Algunas cuestiones generales a tener en cuenta son:

✓ Las secuencias *segunda, tercera y cuarta* pueden ser trabajadas con porciones de la serie numérica diferentes a la propuesta, por lo tanto pueden ser utilizadas tanto en el Primer Ciclo como en el Segundo Ciclo.

✓ Las propuestas presentadas pueden ser reiteradas con iguales o diferentes porciones de la serie numérica con el objetivo de que los alumnos adquieran construcciones más sólidas de los problemas involucrados.

✓ Las propuestas del plano gráfico pueden realizarse en forma grupal o individual de acuerdo a las características del grupo escolar.

✓ Las propuestas en contextos lúdicos se realizan en pequeños grupos, pero el número de integrantes puede variar de 2 a 4 según el docente lo considere. No es necesario que todos los grupos cuenten con igual cantidad de integrantes.

✓ La reflexión colectiva es un espacio rico para el intercambio de estrategias, por lo tanto es una instancia que debe ser considerada entre propuesta y propuesta o grupo de propuestas.

✓ Al reiterar las propuestas lúdicas es aconsejable que sean los alumnos quienes recuerden las reglas; esto le permitirá al docente conocer el grado de apropiación alcanzado.

✓ Los materiales de las propuestas lúdicas pueden ser preparados por los alumnos en forma grupal o individual, manualmente o con la computadora.

Bibliografía

Alvarado, M., Brizuela, B. (compiladoras) (2005) *«Haciendo números»*, Paidós, México.

ERMEL (Equipo de Didáctica de la matemática) (1990) *«Aprendizajes numéricos y resolución de problemas»*. Instituto de Investigación Pedagógica, Athier, París.

Gobierno de la Ciudad de Buenos Aires, Secretaría de Educación, Dirección de Currícula (2004) *«Diseño Curricular Para la Educación Primaria»*, Gobierno de la Ciudad Autónoma de Buenos Aires.

Gobierno de la Ciudad de Buenos Aires, Secretaría de Educación, Dirección de Currícula (1999) *«Pre Diseño para la Educación General Básica. Marco General»*, Gobierno de la Ciudad Autónoma de Buenos Aires.

Gobierno de la Provincia de Buenos Aires, Dirección General de Cultura y Educación (2008) *«Diseño Curricular Para la Educación Primaria»*, La Plata.

Gómez Granell, C. (1994) *«Las matemáticas en primera persona»* en Cuadernos de Pedagogía N° 221, Barcelona.

Ifrah, G. (1987) *«Las cifras. Historia de una invención»*, Alianza, Madrid.

Lerner, D. y Sadovsky, P. (1994) *«El sistema de numeración: un problema didáctico»*, extraído de Parra, C. y Saiz, I. *Didáctica de matemáticas*. Paidós, Buenos Aires.

Meirieu, P. (1998) *Frankestein educador*. Ediciones Laertes. Barcelona.

Ministerio de Educación, Ciencia y Tecnología (2006) *«Núcleos de Aprendizajes Prioritarios» (NAP)*. Presidencia de la Nación.

Panizza, M. (compiladora) (2003) *«Enseñar matemática en el Nivel Inicial y el primer ciclo de la EGB. Análisis y propuestas»*, Paidós, Buenos Aires.

Parra, C. y Saiz, I. (compiladoras) (1994) *«Didáctica de las Matemáticas. Paidós, Buenos Aires»*.

Pitluk, L. (2006) *«La planificación didáctica en el Jardín de Infantes. Las unidades didácticas, los proyectos y las secuencias didácticas. El juego trabajo»*. Homo Sapiens, Rosario.

Pozo Muicio, J. I. (coordinador) (1997) *«La solución de problemas»*, Santillana Aula XXI, Buenos Aires.

Vergnaud, G. (1981) *«El niño/a, las matemáticas y la realidad. Problemas de las matemáticas en la escuela»*, Trillas, México.

www.ingramcontent.com/pod-product-compliance
Lightning Source LLC
Chambersburg PA
CBHW082024230526
45466CB00023B/3355